JN104483

自宅ネット回線の掟（おきて）

はじめに

　光ファイバによるインターネット接続サービスが開始されてから20年以上が経過し、国内の固定インターネット回線における光ファイバ普及率は、今や世界トップレベルです。

　インターネット回線の高速化に伴い、動画配信などの大容量サービスも大きく普及。また、テレビやゲーム機、スマホ、タブレットなど、PC以外の機器を使って、家族全員がそれぞれインターネットを楽しむ、といった光景も当たり前となりました。

　昨今の新型コロナ禍の影響で一般的になった「オンライン会議」や、インターネット越しにゲームを操作する「クラウド・ゲーミング」など、新しいインターネットの活用方法も増えています。

*

　このように、インターネットの活用方法はどんどんヘビーになっていく一方で、家庭内のネット環境が追い付いていないケースも多そうです。
　昔の用途では「問題ない」と思っていたインターネット回線の速度も、現在の使い方では、「なんだか遅い」と、何かしらの不満を抱えている人も少なくないのではないでしょうか。

*

　本書では、自宅ネット環境がどのくらいのパフォーマンスをもつか調べる方法から、インターネット回線の不満をどうやって改善するのか、その手段を解説しています。

　併せて、新しくネットワーク機器を購入したり、設定するときに知っておきたいネットワークの知識も解説していますので、今後のネットワーク環境パワーアップのための、知見を広げる助力になれば幸いです。

勝田有一朗

自宅ネット回線の掟（おきて）

CONTENTS

第1章

「自宅のネット環境」速攻チェック！

　現在使用中のインターネット環境に、「改善すべきポイント」はあるか。
　本章では、回線速度の計測結果から、考えられる「チェックポイント」を導き出し、改善方法を解説します。

1-1 自宅のインターネット回線の「速度」を測る

うちのインターネットは遅い?!

■ インターネットが遅く感じる5つの場面

インターネットを利用していて、「なんだか遅いなぁ」「思ったより速くないなぁ」と思ったことはありませんか?

＊

インターネットが「遅い」と感じる場面はいろいろ考えられますが、主に次のような場面で、インターネットを「遅い」と感じることが多いと思います。

①Webサイトの表示が遅い
②動画配信サイトでの動画再生が頻繁に止まる
③オンライン会議が不安定で、映像や音声が途切れる
④ゲームなど大きなファイルのダウンロードに時間がかかる
⑤オンライン対戦ゲームで、相手の動きが"ガクガク"と不安定

いずれの現象も原因はいくつか考えられるため、解決は一筋縄ではいきませんが、基本的に、「インターネット回線の速度」(「通信速度」や「通信帯域」とも言う)の遅さがいちばんの要因になります。

インターネット回線の速度は、"1秒間に転送できるデータ量"で表わされ、インターネット回線の速度計測サービスを行なっているWebサイトで、計測できます。

まず、何はなくとも、そのような「速度計測サービス」でインターネット回線の速度計測を行ない、現状を把握することが重要です。

■「速度」を計測できるWebサイト

インターネット回線の速度は、速度計測サービスを行なっているWebサイトや、アプリで計測します。

代表的なインターネット回線の速度計測サービスをいくつか紹介しましょう。

[名称]　インターネット回線の速度テスト「¦ Fast.com」

[URL]　https://fast.com/ja/

Webサイトにアクセスすると、即座に計測を開始する、超お手軽な、「インターネット回線速度計測サービス」。

詳細項目から、「アップロード速度」や「レイテンシ」も計測できます。

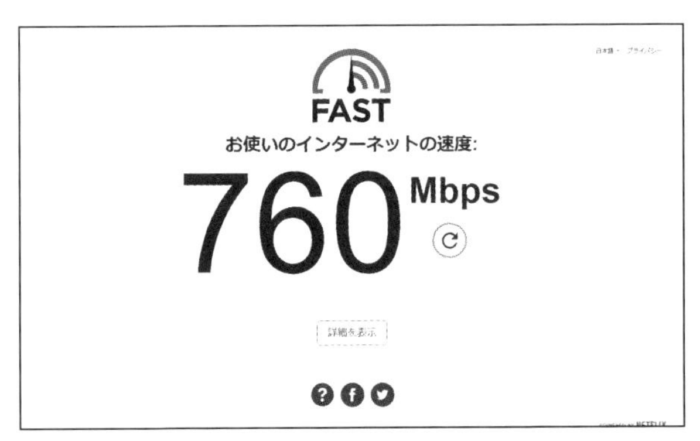

図1-1-1　インターネット回線の速度テスト「¦ Fast.com」

[名称]　Speedtest

[URL]　https://www.speedtest.net/ja

ボタン一発で、「ダウンロード」「アップロード」「レイテンシ」を計測できる、インターネット回線の速度計測サービス。

パソコンやスマホ向けの「専用アプリ版」も提供していて、「アプリ版」では「パケットロス率」まで計測可能。

図1-1-2　Speedtest

[名称]　みんなのネット回線速度（みんそく）

[URL] https://minsoku.net/

　速度計測の前に、「使用回線の詳細」や「居住地域」の入力が必要ですが、「居住地域でのインターネット回線の現状」を確認でき、「同地域における他のインターネット回線事業者の結果」と見比べることが可能。

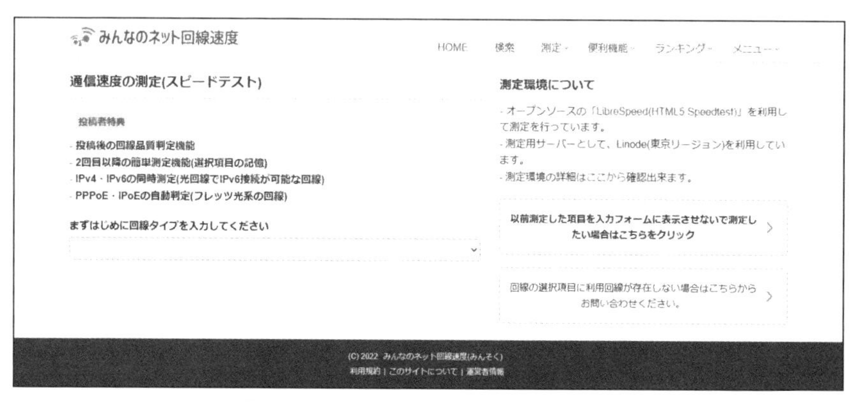

図1-1-3　みんなのネット回線速度（みんそく）

多くの「速度計測サイト」では、Webサイト内に「計測開始」のようなボタンが用意されています。

そのボタンをクリックすると、数十秒間ほど「速度計測」を行ない、結果を提示してくれます。

＊速度計測中は、他でインターネットを使わないように注意しましょう。

「速度」の計測でわかること

■「速度計測」で注目したい4つの項目

「インターネット回線の速度計測」では、主に次の項目が計測されます。

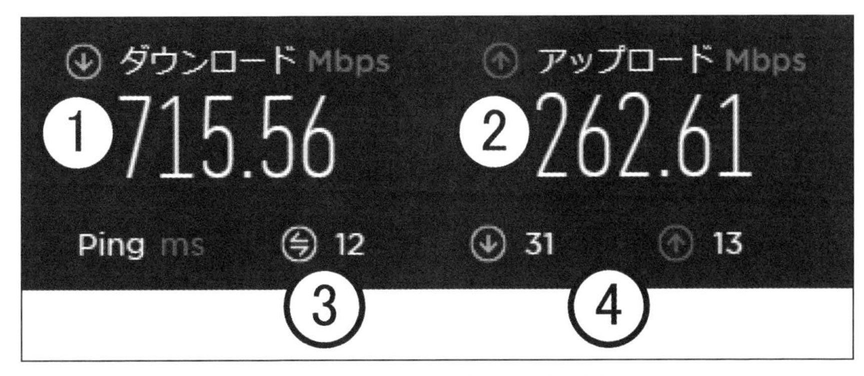

図1-1-4　「Speedtest」の計測結果より

①ダウンロード速度

一般的に、「インターネット回線の速度」は、「ダウンロード速度」のことを指します。数値が大きければ大きいほど良好です。

契約中のインターネット回線事業者のサービス内容に、「最大○○○Mbps」や「最大○Gbps」と記されていると思いますが、「ダウンロード速度」がこの謳われている数値に近いほど、理想の状態と言えます。

②アップロード速度

自宅からインターネット側にアップロードするときの回線速度で、「オンライン会議」などを、安定して行ないたい場合に、重要な項目となります。

③Ping値

相手方サーバの応答状態を探る「Ping」(ピン)と呼ばれる機能を用いて、「応答が帰ってくるまでの時間＝レイテンシ (遅延)」を計測しています。

数値が小さいほど良好です。

「10ms以下」であれば優秀。「50ms以下」であれば一般的。「100ms以下」であれば、通常のインターネット利用には困りません。

④「ダウンロード/アップロード」中のPing値

速度計測サービスによっては、大容量通信が発生している中での「Ping値」も計測してくれる場合があります。

一般的に、通常の「Ping値」より劣った結果が出ます。

この「Ping値」が優秀であれば、「ダウンロード/アップロード」と並行しながらでも、快適なインターネット利用が可能です。

家族で同時にインターネットを使っている場合は、少し気にしたほうが良い項目です。

「単位」の話

●bps (bits per second)

1秒間に転送するデータ量を表わすときに用いる単位。

一般的に「M」(メガ：100万)、「G」(ギガ：10億)などの接頭語と合わせて、「100Mbps」「1Gbps」という表現が用いられます。

なお、コンピュータの世界では「1Gbps＝1,024Mbps」といった具合に、「メガの1,024倍をギガ」と扱うので、少し注意です。

＊

また、普段「ファイル・サイズ」などで用いている単位は、「Byte」(バイト)と言い、「1Byte＝8bit」で換算します。

ですから、回線速度をバイト単位で考えると、「100Mbps」は「12.5MB/s」(1秒間に12.5MB転送)という計算になります。

●ms (millisecond：ミリ秒)

「Ping値」で用いられる単位「ms」は、ミリ秒(1/1000秒)を意味します。「一桁ms」だと、“感じる間もない一瞬”ですが、「1,000ms」を超えると1秒越えということになり、人間の感覚でも“あれ、反応が鈍い？”と感じるようになります。

■ 複数の「速度計測サービス」を利用したい

インターネット回線の速度計測サービスは、あくまでも「速度計測サービスを行なっているサーバ」と、「自宅」との間での「回線速度」を測定するものです。

速度計測サービス側のサーバの都合で、速度が充分に出ない場合もあります。回線速度を正しく知るには、複数の計測サービスを利用して結果を比較してみる必要があります。

＊

では、この「速度計測」の結果をもとに、「インターネット回線」の「現状」と「改善策」を探っていきましょう。

1-2 「インターネット回線の速度」を考える

具体的に、どこの「速度」のこと？

■ 4つの要素に分けられる「インターネット回線」

インターネット回線の速度はどこで決まるのか、それを分かりやすく考えるには、インターネット回線を次のように“4つの要素”に分けてみるといいでしょう。

＊

インターネットの「回線速度」は、「自分の端末」(パソコンやスマホ)と、「相手方サーバ」(Youtubeなどの閲覧しているWebサイト)との間での「通信速度」を意味するものですが、その間は、次のように分割して考えられます。

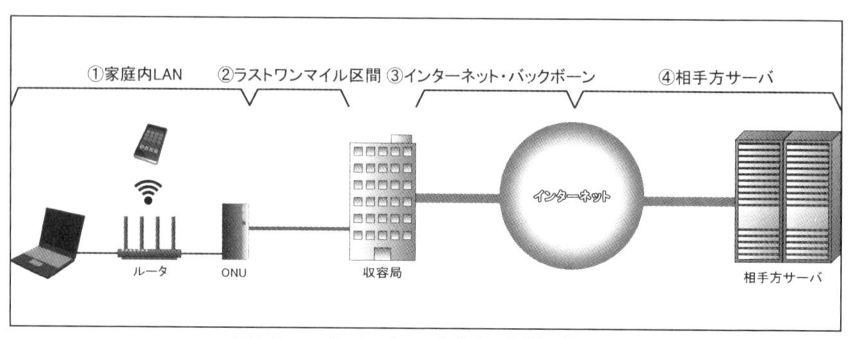

図1-2-1 インターネット全体を4分割で考える

＊

①家庭内LAN

「パソコン」や「スマホ」から、「ONU」、「ルータ」(ホーム・ゲートウェイ)などのネットワーク機器までの「家庭内ネットワーク」環境。

②ラストワンマイル区間

「自宅」から「最寄り収容局」までの「インターネット回線事業者」によって提供される回線。

以前は、「電話回線」によるインターネット接続が主流でしたが、現在の主流はNTTや電力系企業が敷設した「光ファイバ」です。

1本の光ファイバを、同じ地域内の複数世帯で共有利用するのが一般的です。

なお、光ファイバの利用が難しい場合は、「Home 5G」や「WiMAX」といった、無線ネットワークを用いるケースも増えています。

③インターネット・バックボーン

「プロバイダ」や「国家間」を相互接続する「インターネットの主要幹線」。

「一次プロバイダ」と呼ばれる大手プロバイダが基幹となり、そこにさまざまなプロバイダが相互接続しています。

④相手方サーバ

「相手方サーバの設備」(処理能力やインターネット回線速度)も重要です。

世界規模のサービスの場合は、世界中にサーバを設置してアクセスを分散させ、各地で安定したサービス提供を行なえるようにしています。

■「インターネット回線の速度向上」=「いちばん遅い箇所の改善」

以上の①～④の区間の中で、“いちばん遅い”区間の速度が、自宅インターネット回線の速度になります。

このようないちばん遅くなっている箇所を、「ボトルネック」と呼ぶこともあります。

「ボトルネック」になっている箇所を改善することで、インターネット回線の速度が向上します。

ただ、残念なことに、個人のユーザーレベルで状況を改善していけるのは、①家庭内LANの箇所のみとなります。

そこに最善を尽くしても、まだ満足できない場合は、②**光ファイバ網**や③**インターネット・バックボーン**の改善を求めて、別の「インターネット回線事業者」や「プロバイダ」への乗り換えを検討することになります。

ただ、「インターネット回線事業者の乗り換え」はギャンブル要素が強く、乗り換えても大して変わらなかったり、逆に悪化することも考えられるため、よほど現状が悪くない限りは、最終手段と考えましょう。

④**相手方サーバ**の通信速度が遅い場合も、こちら側では何もできません。
“これがインターネットというものだ”と、諦めましょう。

多くのユーザーが一度にアクセスして混雑している可能性が非常に高いので、「時間帯をズラして利用する」といった回避手段がいちばん有効です。

インターネットを快適にする「回線速度」とは

■ 実は「回線速度」が高くなくても、不都合は少ない

インターネット回線の速度は、速いに越したことはありません。
しかし、ある程度以上の速度が出ていれば、インターネットを利用する上では特に不都合は感じません。

＊

そこで、「インターネット・サービス」の利用は、どれくらいの回線速度があれば快適か、大雑把ではありますが、以下に記述します。目安として、知っておくといいでしょう。

●一般的なWebサイト、SNS利用……10Mbps以上

「Webサイト」や「SNS」の利用では、「10Mbps以上」の回線速度があれば、特に大きなストレスなく利用可能です。
もう少し低く、「3～5Mbps程度」であっても、我慢できるレベルでしょう。

●動画配信視聴（フルHD画質）……10Mbps以上

多くの動画配信サイトでは、「5Mbps以上」あれば、「フルHD画質相当の動画視聴が可能」としています。

しかし、インターネット回線は常に安定していると限らないので、動画配信を安定して快適に楽しみたい場合は、推奨の2倍にあたる「10Mbps以上」はほしいです。

●動画配信視聴（4K画質）……50Mbps以上

より多くの情報量をもつ「4K画質の動画配信」には、「フルHD画質の5倍」の回線速度が必要とされます。

●オンライン会議（映像付き）
……「ダウンロード」「アップロード」ともに5Mbps以上

オンライン会議は、画質や参加人数によって、必要な回線速度が変わってきます。また、アップロード速度も重要です。

オンライン会議中に、Webサイト閲覧など、他の作業を行なう場合は、さらにプラスした回線速度が求められます。

●オンライン対戦ゲーム……10Mbps以上

「オンライン対戦ゲーム」にはさまざまなジャンルがありますが、おおむね「10Mbps以上」あれば、快適に遊べるタイトルが多いです。

また、オンライン対戦ゲームは、「回線速度」よりも「レイテンシ」(Ping値)が重視されることが多いです。

「通信速度」が速くても、「レイテンシ」が「100ms以上」かかるといった状況では、快適に遊べないでしょう。

●ファイルのダウンロード……速ければ速いほど良い

インターネットからのファイルダウンロードは、回線速度が速いほど快適です。時間さえかければダウンロードはいつか完了するので、“○○

Mbps以上が必要”といった目安は特にありません。

しかし、「ギガバイト・サイズ」のファイルを頻繁にダウンロードすることがあるなら、「100Mbps以上」の回線速度がほしいところです。

＊

このように、インターネットの各種サービスで求められる回線速度は、さほど速くありません。

ただ、たとえば、「最大1Gbps」を謳(うた)うプランでインターネット回線事業者と契約しているのに、あまりにもかけ離れた速度しか得られないとなると、やはり、ちょっと損をした気分にもなるでしょう。

昨今は、ダウンロード型のゲームで「数十GBクラス」のファイルをダウンロードすることも珍しくないため、ダウンロード速度もかなり重要です。

■ 自宅の「インターネット回線」は、もっと速くなる！？

現在、インターネット回線の速度が、契約しているプランにかけ離れていて、あまりにも遅い場合は、ちょっとした改善で、**大幅なスピードアップ**を果たせるかもしれません。

＊

そこで、インターネット回線のどこを見直せば速度アップが期待できるのか、いろいろな視点からチェックしていきましょう。

1-3 「有線LAN」のココをチェック!

「有線LAN」接続のチェックポイント

■「有線LAN」接続は、周辺環境に影響されにくい

まずは、「有線LAN」で構築された「家庭内LAN」のチェックポイントを見ていきます。

*

ここでは、「有線LAN」接続端末で行なった、インターネット回線の速度計測結果から、回線速度別にさまざまなケースを考えてみました。

これらを参考に、改善ポイントを探ってみてください。

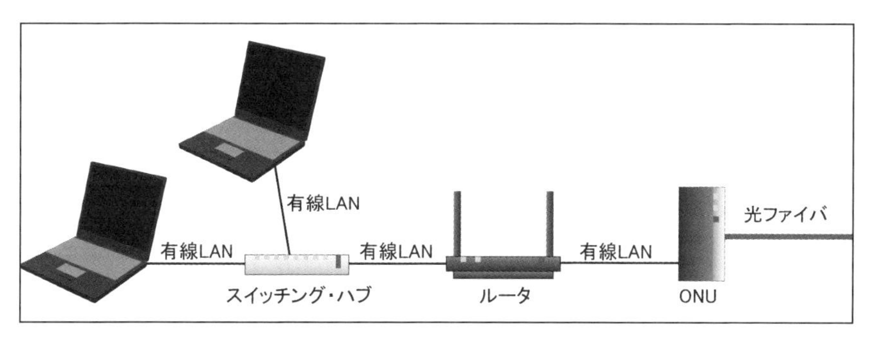

図1-3-1 「ルータ」(ホーム・ゲートウェイ)から「端末」まで、「有線LAN」で接続された環境を想定

「ONU」と「ルータ」と「ホーム・ゲートウェイ」

インターネットに接続するためには、以下のような機器が必要になります。

●「ONU」または「モデム」

「ONU」(Optical Network Unit:光回線終端装置)は、屋内に引き込まれた「光ファイバ」を、「LANケーブル」に信号変換する機器です。

「モデム」も同じような装置で、「電話線」を「LANケーブル」に信号変換

する機器になります。

いずれも、インターネット回線事業者からレンタルするのが一般的です。

●ルータ

ルータは、異なるネットワークを相互に接続する機器です。

一般ユーザー目線では、「家庭内LAN」と「インターネット」を相互接続するという役割をもちます。

必ず1台は必要な機器であり、「無線アクセスポイント機能」を内蔵する「無線LANルータ」が現在の主流です。

NTT東西の「フレッツ光」や「光コラボ」の場合は、ユーザーがルータを自前で用意するか、インターネット回線事業者からレンタルするかを選べますが、その他のインターネット回線事業者の場合は、ルータもレンタルして利用するのが一般的です。

●ホーム・ゲートウェイ

ルータに「光電話」や「光テレビ」など、インターネット以外の機能も統合した機器を「ホーム・ゲートウェイ」(HGW)と呼びます。

「ONU」や「モデム」も内蔵した、「一体型ホーム・ゲートウェイ」というものもあります。

市販製品としてはほとんど出回っておらず、インターネット回線事業者からレンタルして利用するのが一般的です。

＊

以上の機器から、たとえば、光ファイバ引き込みのインターネットを利用している場合、屋内には①「ONU＋ルータ」か、②「ONU＋ホーム・ゲートウェイ」か、③「ONU一体型ホーム・ゲートウェイ」の、いずれかの組み合わせで、機器が設置される、といった具合です。

【ケース①】 回線速度が「90Mbps台」で安定している場合

■「100BASE-TX」機器が紛れ込んでいる可能性

インターネット回線の速度計測を何度行なっても、「90Mbps台」で安定している場合、「**家庭内LAN内の経路に「100BASE-TX」機器が紛れ込んでいて、回線速度を最大限に発揮できていない**」可能性が高いです。

「100BASE-TX」は、「最大100Mbps」までの通信速度に対応した有線LAN規格です。

それ以上の回線速度を活かすためには、「最大1Gbps」の通信速度に対応した「1000BASE-T」(ギガビット・イーサ)機器でネットワークを構成する必要があります。

途中、一ヵ所でも「100BASE-TX」機器が混ざっていると、そこがボトルネックとなり、回線速度は最大「100Mbps」に制限されます。

*

「1000BASE-T」非対応の機器が紛れ込んでいると考えられる可能性は、次の3つです。

チェック①-A：スイッチング・ハブ チェック②-B：LANアダプタ チェック③-C：LANケーブル中継アダプタ

これらの問題を解決すれば、本来の回線速度が発揮され、大幅に速度向上することも充分あり得ます。

*

では、それぞれの詳細を見ていきましょう。

【チェック①-A】 「100BASE-TX」の「スイッチング・ハブ」は交換

「100BASE-TX」機器を使っている可能性が最も高いのが、「スイッチング・ハブ」です。

*

「スイッチング・ハブ」は、複数の端末をLANケーブルで接続したい場合に使う「分配器」のようなもので、複数のLANポートを備える機器です。

*

有線で接続したい端末数分のLANポートを、「スイッチング・ハブ」で用意する必要があります。

この「スイッチング・ハブ」が「100BASE-TX」までの対応だと、そこに接続されている端末の回線速度は、「最大100Mbps」に制限されるのです。

*

なお、ルータにも複数の「LANポート」が備わっているのが一般的で、これはすなわち、「スイッチング・ハブ」を内包しているのと同義になります。

*

基本的に、「インターネット回線事業者」からレンタルされるルータ(ホームゲートウェイ)に備わる「スイッチング・ハブ」は、回線速度に応じて「1000BASE-T」対応のはずです。

なので、疑うべきは、自ら設置した「ルータ」や「スイッチング・ハブ」です。

これらのチェックを行ない、「100BASE-TX」スイッチング・ハブがあれば、「1000BASE-T」スイッチング・ハブに交換します。

*

また、「情報コンセント」という形で、各部屋に「LANポート」を配置する「屋内LAN配線」を利用している場合も、要注意です。

「1000BASE-T」が普及し始めたのは2000年代後半からなので、それ以前に建築した家やマンションの「屋内LAN配線」は、「100BASE-TX」の「スイッチング・ハブ」を介している可能性が非常に高いです。

「屋内LAN配線」の「スイッチング・ハブ」は、「玄関」や「クローゼット」、「風呂場天井裏」などに設置され、「個人での交換」も難しくないことが多いので、交換にチャレンジしてみる価値は充分あるでしょう。

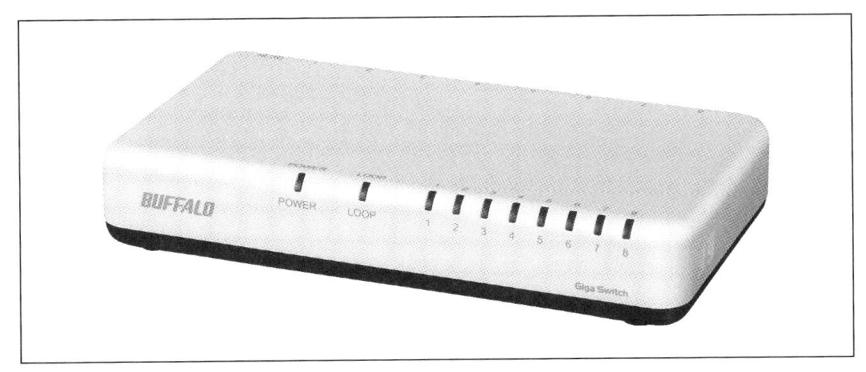

図1-3-2 「LSW6-GT-8EP/WH」(バッファロー)
市場価格4,000円台で購入できる「1000BASE-T」対応8ポートスイッチング・ハブ。
底面にはマグネットが仕込まれていて、さまざまな場所に設置可能。屋内LAN配線用のハブは、マグネット設置のものも多く、その交換用としてもオススメだ。

「LANケーブル」の「カテゴリ」は、気にする必要なし?

「有線LAN」に使うLANケーブルには、「カテゴリ」(CAT)という規格があり、高速LAN規格には、上位カテゴリのLANケーブルを用いる必要があります。

*

しかし、1995年に「100BASE-TX」と同時に登場した「CAT5ケーブル」は、引き続き「1000BASE-T」でも利用可能だったので、「100BASE-TX」から「1000BASE-T」への移行にLANケーブルの引き直しは必要ありません。

したがって、「1000BASE-T」導入にあたって、使用中のLANケーブルのカテゴリを気にする必要は、基本的にないと言えるでしょう。

*

ただ、「CAT5ケーブル」の中でも、持ち運びや隙間通しに特化したスリム型LANケーブルには、線数の少ない「CAT5相当」扱いの製品がありました。

このLANケーブルだと、「1000BASE-T」には対応できないので、そこだけは要注意です。

また、「2.5GBASE-T」や「5GBASE-T」「10GBASE-T」など、より高速な有線LANを導入する場合は、「CAT5e」や「CAT6A」といった上位カテゴリのLANケーブルを使う必要があります。

【チェック①-B】 「1000BASE-T」に非対応の「LANアダプタ」は交換

パソコンに「1000BASE-T」の「LANポート」(ネットワーク・アダプタ)が標準搭載されるようになったのは2000年代のことです。

現在ではもうLANポートが「1000BASE-T」非対応の製品を探すほうが難しいですが、逆に「有線LAN」自体を搭載しないノートPCなども増えてきました。

このように「有線LAN」を搭載しないパソコンに「LANポート」を追加するパーツとして、「USB接続LANアダプタ」があります。

現行製品の多くは「1000BASE-T」や「2.5GBASE-T」といった高速LANに対応していますが、10年ほど前の製品では、「100BASE-TX」対応のものが主流でした。

そのころの「LANアダプタ」を使い続けていると、必然的に「100Mbps」までの対応になってしまうので、現行製品への交換を推奨します。

図1-3-3 少し古いUSB接続LANアダプタは「100BASE-TX」対応が主流だった

図1-3-4 「EDC-QUA3C-B」(エレコム)
「2.5GBASE-T」対応のLANアダプタ。「USB Type-A/Type-C」のどちらにも対応する。

【チェック①-C】 LANケーブルの「中継アダプタ」に注意

「LANケーブル中継アダプタ」とは、LANケーブルのコネクタ同士を接続して、LANケーブルを延長するためのパーツです。

現在販売されている中継アダプタは、基本「1000BASE-T」対応なので問題ありませんが、例によって古い年代の中継アダプタには「1000BASE-T」非対応のものも多くあります。

筆者も、「1000BASE-T」環境導入の際に「100Mbps」で抑えられる区間が生じてしまい、なぜだろうと原因を探ったところ、以前から何気なく使いまわしていた中継アダプタが原因だったという経験があります。

この場合、新しい中継アダプタに取り換えるか、中継アダプタの使用をやめて、1本のLANケーブルへの置き換えを推奨します。

図1-3-5　2005年頃のホーム・ゲートウェイに付属していた中継アダプタ
どうやら「CAT3」相当だったようだ。

【ケース②】「100Mbps」は超えるが、さほど伸びない場合

■ 設備的な不備は何もない状態

有線LAN接続で、インターネット回線の速度計測が「100Mbps」をちょっとでも超えていれば、家庭内LANの内側は正常に「1000BASE-T」で稼働していて、手が出せる範囲の設備に不備はない状態と言えるでしょう。

基本的にインターネット回線の速度は“ベストエフォート型”(最善努力型)と呼ばれ、謳われている回線速度は、あくまでも最大理論値であり、保証はされていません。

たとえば、“「最大1Gbps」の光インターネット回線”を契約している場合、「16～32世帯」の複数世帯で「1Gbps」の光ファイバを共有するのが一般的です。

つまり、同時間帯に利用しているユーザーが多ければ、回線速度も頭割りで遅くなることは避けられません。

したがって、早朝深夜や平日昼間など、利用ユーザー数が少なそうな時間帯に速度計測を行なったときは、速度が大幅に向上することが多いです。

＊

このように、回線が高速化する時間帯があるのならば、回線速度が落ちる要因は、利用ユーザー数の多さだと言えます。

解決するには、インターネット回線事業者との契約そのものを見直す必要があり、次のような手段が考えられます。

チェック②-A：フレッツ光や光コラボの場合、「IPoE」を利用する チェック②-B：フレッツ光の場合、プロバイダを乗り換える チェック②-C：インターネット回線事業者を乗り換える

“妥当”な回線速度はどのくらい？

私達が利用するインターネット回線はベストエフォート型なので、“ある程度の回線速度が出ていればヨシ”と妥協することが重要です。

たとえば「最大1Gbps」のインターネット回線を契約している場合、有線LAN接続で速度計測を行ない、

・空いている時間帯の最大速度　……500Mbps以上
・混雑する時間帯の速度　……100Mbps以上

……くらいの回線速度が出ていれば、充分妥当な結果と言えるでしょう。

【チェック②-A】「IPoE」の利用

NTT東西の「フレッツ光」や「光コラボ」では、接続方式に、「PPPoE」方式と「IPoE」方式という2つの方式が用意されています。

基本は「PPPoE」方式ですが、プロバイダが対応していれば申請することで「IPoE」方式へと切り替え可能です。

「IPoE」方式に切り替えると、混雑時間帯の「速度低下緩和」が期待できます。

ただ、切り替えに際して気を付けなければならないことも、いろいろとあります。

「フレッツ光」や「光コラボ」以外の回線事業者は、最初から「IPoE」相当

NTT東西の「フレッツ光」、「光コラボ」以外の、その他多くのインターネット回線事業者は、接続方式に最初から「IPoE」方式と同等のものが用いられています。

したがって、「PPPoE」方式から「IPoE」方式への切り替えを考える必要もありません。

【チェック②-B】 プロバイダの乗り換え

NTT東西の「フレッツ光」は、接続先プロバイダをいろいろと切り替えられるのも利点の1つです。

混雑時間帯でも快適と評判のプロバイダに乗り換えることで、回線速度が向上する場合もあります。

ただ、地域で共有している光ファイバをそのまま使い続ける点は変わらないので、プロバイダ乗り換えの効果は限定的と考えるべきでしょう。

なお、「フレッツ光」はルータに設定した接続IDを変えるだけでプロバイダを任意に切り替えられるので、一か月間だけ複数のプロバイダと契約し、回線速度を比較してみるというのも有効な手段です。

【チェック②-C】 インターネット回線事業者の乗り換え

「フレッツ光」や「光コラボ」は追加工事の必要無くプロバイダの乗り換えが可能ですが、同じ光ファイバを使い続けることに変わりはなく、光ファイバを共有する近隣にヘビーユーザーが多くて速度低下を招いている場合は、根本的な解決になりません。

もし、まったく違う環境へ乗り換えたい場合は、光ファイバを提供するインターネット回線事業者そのものを乗り換える必要があるでしょう。

- NTT東西　フレッツ光/光コラボ
- auひかり
- NURO光
- 電力系（BBIQ、eo光、MEGA EGG、コミュファ光、ピカラ光…など）

上記は一例ですが、これらのインターネット回線事業者は、それぞれ使用する光ファイバが異なるので、乗り換えることで地域の共有ユーザーもガラッと入れ替わり、大幅に速度が改善する可能性があります。

ただし、新規に光ファイバを引き込む工事が必要となるので、お金と時間がかかる上、乗り換えた先が快適かどうかは、結局“運まかせ”になります。

インターネット回線事業者の乗り換えは、現状がよほど酷い場合の最終手段と捉えましょう。

集合住宅は選択肢が少ない

一戸建て住宅の場合、インターネット回線事業者の選定はかなり自由が利きます。

ところが、マンションなどの集合住宅では、オーナーや管理組合の意向、建造物の構造自体による制限などがあり、自由にインターネット回線事業者を乗り換えられるようなケースは稀と言えます。

そのような集合住宅において、現状のインターネット回線が我慢できないほど遅い場合は、回線工事が不要な「Home 5G」や「WiMAX」といった無線インターネットの導入を検討するのも良いと思います。

【ケース③】 「100Mbps」に遠く及ばない場合

■「契約プラン」や「回線混雑」が大きく関わる

「有線LAN」接続は速度の安定性が高く、たとえ「100BASE-TX」の家庭内LAN環境であっても、最低限「100Mbps」近い通信速度は保たれます。

したがって、もしインターネットの回線速度が「100Mbps」に遠く及ばない場合、その要因は「家庭内LAN」の外側、つまり、インターネット回線事業者側にあると考えてよいでしょう。

考えられる可能性は、次の2つ。

[チェック③-A]
インターネット回線事業者との契約プランが「100Mbps」以下
[チェック③-B]
回線の混雑や事業者の設備不足で速度が出ない

インターネット回線の品質チェックは、「有線LAN」接続が必要

「有線LAN」接続で回線速度が「100Mbps」を下回っていれば、その要因はインターネット回線事業者側にあるとほぼ結論付けられます。

しかし、「無線LAN」接続の場合は、利用環境によって「無線LAN」の通信速度が「100Mbps」を割り込むことは普通にあるので、「無線LAN」を「インターネット回線」そのものの評価に用いるのは難しいです。

「インターネット回線」になんらかの不満があって、チェックを行なう場合は、ぜひとも「有線LAN」接続のパソコンを用意したいです。

【チェック③-A】 「100Mbps」以下の契約プランでインターネットを利用

もっとも高い可能性として考えられるのが、利用しているインターネット回線事業者が、集合住宅向けの「VDSL」方式のケースです。

「VDSL」方式は、集合住宅に配線されている既存の電話線を流用して高速インターネットを提供する方式で、一般的に「光インターネット」に分類はされますが、一部の最新方式を除き、回線速度は「最大100Mbps」までとなります。

また「VDSL」方式は「接続距離による減衰」や「ノイズの影響」で回線速度が落ちるため、上限いっぱいの「100Mbps」で利用できることは稀です。
一般的に「50～80Mbps」くらいで接続されるため、回線速度は「100Mbps」に遠く及ばないのです。

解決方法は[ケース②]で述べたようなインターネット回線事業者の乗り換えしかありませんが、集合住宅では選択肢が限られることも多いです。回線速度だけを求めるのであれば「Home 5G」などの無線インターネットを検討してみましょう。

【チェック③-B】 混雑による速度低下の解消法

基本的にインターネット回線は利用者が増えると回線速度が低下します。
しかし、「最大1Gbps」の契約プランを利用していて「100Mbps」を大きく割り込むような回線速度しか出ない場合、よほど地域の利用者数が多すぎて混雑しているのか、利用者数に対してインターネット回線事業者側の設備が不足している可能性が高いです。

この場合も、やはり[ケース②]で述べたような、インターネット回線事業者の乗り換えでしか問題を解消することができません。

1-4 「無線LAN」のココをチェック!

「無線LAN」環境のチェックポイント

■「無線LAN」接続の「速度」は、「機器」や「周辺環境」で大きく変わる

次に、「無線LAN」を用いた「家庭内LAN」でのチェックすべきポイントを見ていきます。

*

「スマホ」や「タブレット」「ノートパソコン」や「ゲーム機」など、現在の「家庭内LAN」の“主役”は、「無線LAN」接続になっていますが、「無線」であるがために周辺環境の影響を受けて通信速度がなかなか安定しないのが弱点です。

ここでは、「無線LAN」接続端末で行なったインターネット回線の速度計測結果から、家庭内「無線LAN」環境にどのような問題が潜んでいるのかのチェックポイントをいくつか挙げているので、ぜひ参考にしてみてください。

【ケース①】 「通信速度」が不安定な場合

■「無線LAN」の宿命

「無線LAN」の通信速度は、周辺環境に大きく影響を受けます。

特に「無線アクセスポイント」(無線LANルータ)と「端末」間の「距離」および「建造物の構造」は重要で、部屋を隔てると電波強度が急激に下がり、通信速度がガクッと低下することもあります。

無線アクセスポイントの直近では“「600Mbps以上」を達成していたのに、離れた部屋では「50Mbps以下」になってしまう”といった事例も珍しくありません。これは「無線LAN」の宿命とも言えるでしょう。

「無線LAN」の不安定さを解消するには、次の手段が有効です。

【チェック①-A】
「Wi-Fi 6」対応の強力な「無線アクセスポイント」(無線LANルータ)を導入
【チェック①-B】
電波が弱い場所へ「有線LAN」接続で「無線アクセスポイント」を追加
【チェック①-C】
「中継機能」や「メッシュ Wi-Fi」の「無線アクセスポイントを追加

「無線LANルータ」は、「アクセスポイント・モード」で「無線アクセスポイント」になる

通常、同一ネットワーク内に複数のルータが設置されるとネットワークの分断が生じてしまうため、ネットワークに「無線LAN」を追加する場合は、ルータ機能をもたない、純粋な「無線アクセスポイント製品」が必要になります。

ただし、「無線LANルータ」は動作モードを「アクセスポイント・モード」に設定することで、ルータ機能をオフにした、純粋な「無線アクセスポイント」としても使えるようになります。

こうすることで、余った「無線LANルータ」を「無線アクセスポイント」として"再活用"することもできます。

このように、「無線LANルータ」は、設定で変更できるいくつかの「動作モード」をもっています。

①ルータ・モード (RTモード)
通常の「無線LANルータ」としての働き。

②アクセスポイント・モード (APモード)

ルータ機能を切った状態。「ブリッジ・モード」(BRモード)と呼ぶメーカーもあります。

③中継器モード（WBモード）
無線通信の電波を中継するモード。

④子機モード（CNVモード）
「無線LAN」の「子機」としてのモード。「有線LAN」側に接続した機器を無線LAN通信できるようにするものです。

*

これらの動作モードは、「筐体のスイッチ」や「Web設定画面」から変更します。

メーカーによっては、「中継器モード」と「子機モード」が同一に扱われていたり、多少の差異はあるので、マニュアルを熟読してしっかり把握しましょう。

【チェック①-A】 「Wi-Fi 6」対応の強力な無線アクセスポイントを導入

インターネット回線事業者によっては、「無線LANルータ」(ホーム・ゲートウェイ)をレンタルしている場合もありますが、無線LANの能力が不十分で、家中をカバーするのが難しいケースも少なくありません。

このような場合、レンタルの無線機能はオフにして、代わりに広範囲への電波到達を謳う各メーカーの「上位無線LANルータ」を「無線アクセスポイント」として導入することで、「無線LAN」の通信速度改善を図ります。

特に、現行最新規格の「Wi-Fi 6」は、同時に複数端末を接続した際の安定性向上にも注力しているので、家中の広範囲をカバーするのに適しています。

図1-4-1 「TUF-AX5400」(ASUS)
3階建て（戸建て）、4LDK（マンション）の範囲をカバーする、ゲーミング重視の「Wi-Fi 6」無線LANルータ。複数アンテナでいかにも強力そうな面持ちだ。

レンタルのルータ（ホームゲートウェイ）は勝手に交換できない

自前でルータを設置できるNTT東西の「フレッツ光」や「光コラボ」の場合は、新しく買ってきた強力な無線LANルータを、現在使用中の無線LANルータとそのまま交換して運用することができます。

しかし、インターネット回線事業者よりルータ（ホームゲートウェイ）をレンタルしている場合は、この専用ルータはユーザー側の都合で勝手に交換することができません。

新しく強力な無線LANルータを購入したとしても、「ルータ機能をオフにする「APモード」に設定し、無線アクセスポイント機能のみを利用する」という運用が必要になります。

また「フレッツ光」でも、「ひかり電話」サービスを利用する場合は、専用の「ひかり電話ルータ」のレンタルが必要なので、追加する「無線LANルータ」は「APモー」ドで利用するようにします。

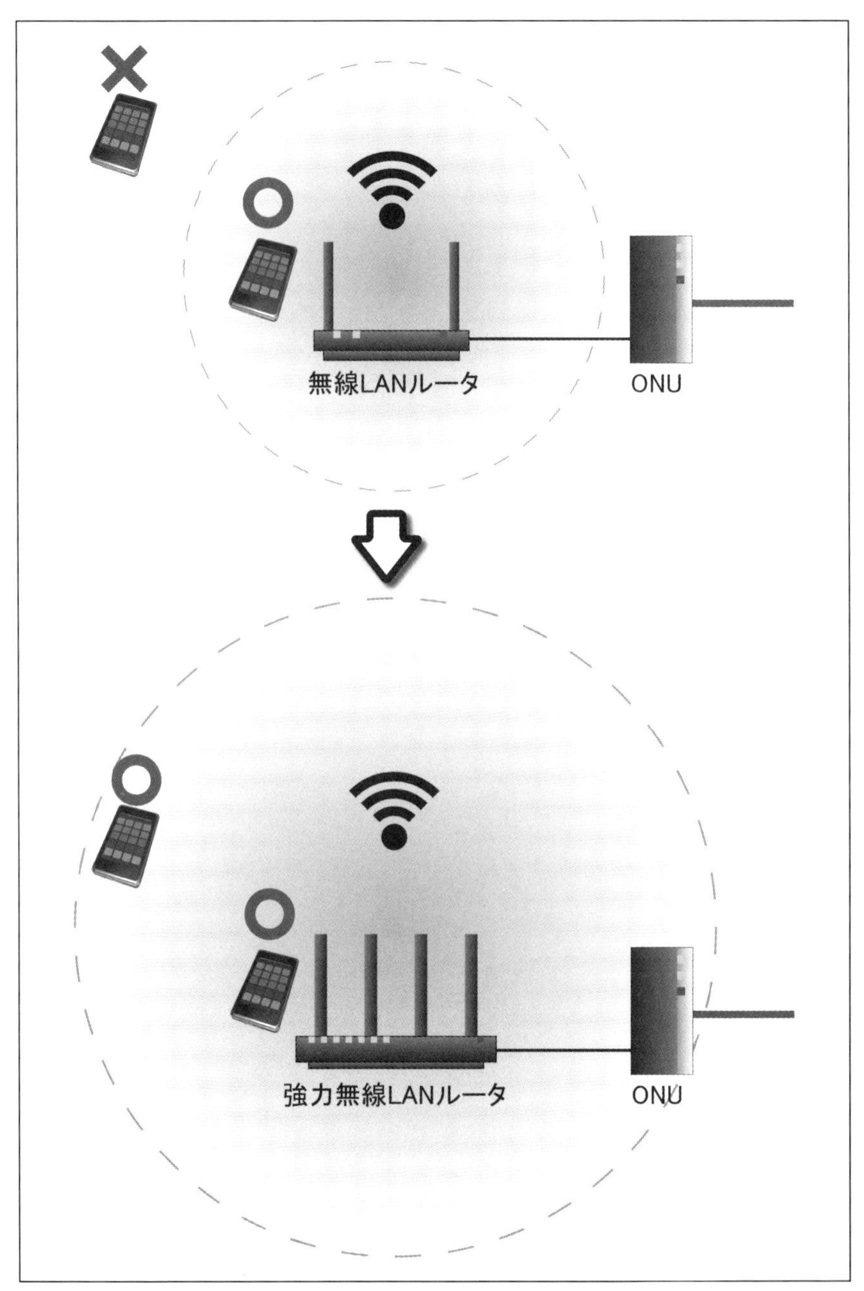

図1-4-2　「フレッツ光」の場合、「無線LANルータ」自体を交換できる

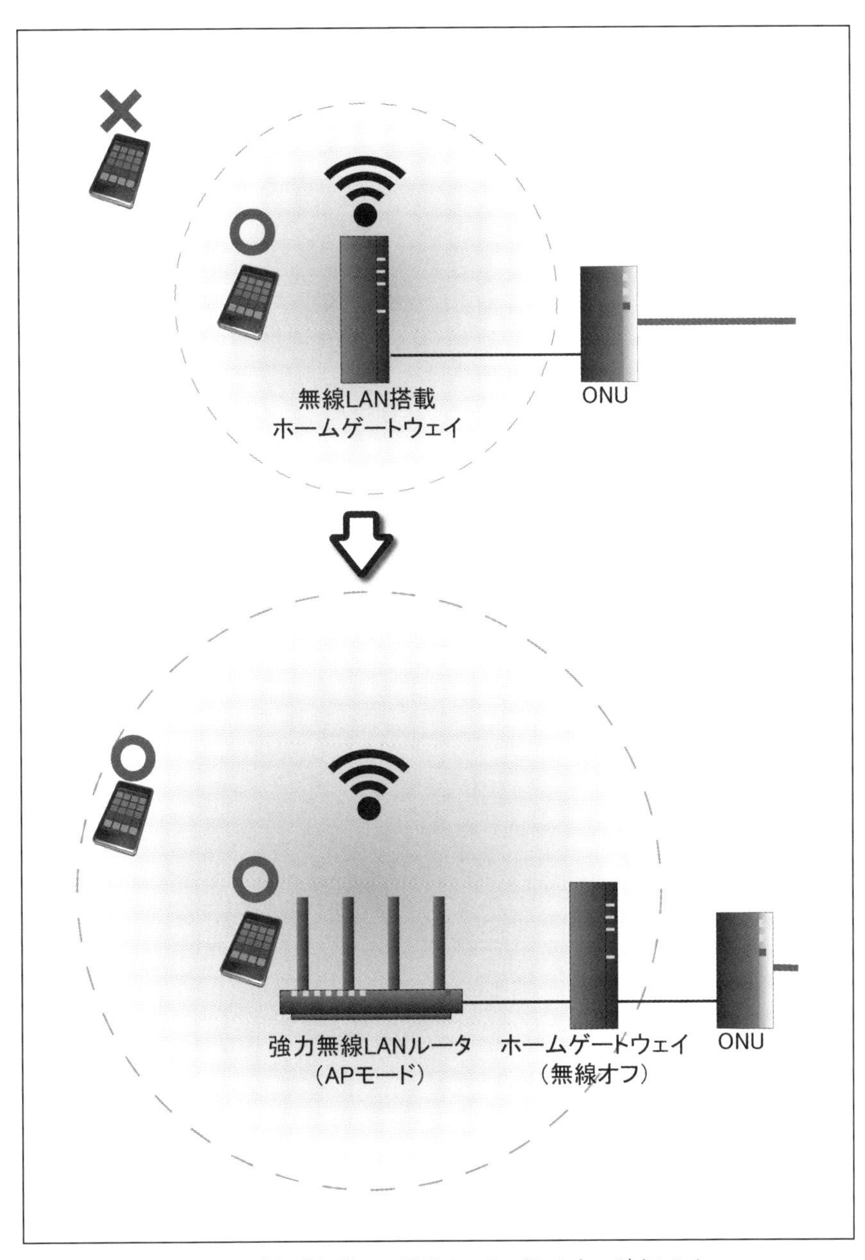

図1-4-3　もし、「無線LAN搭載ホーム・ゲートウェイ」をレンタルしている場合、新たに設置する「無線LANルータは」「APモード」にし、「ホーム・ゲートウェイ」側の無線機能は「オフ」にする。

レンタルの無線LAN機能をオフにしたら、オプション契約解除を

インターネット回線事業者からレンタルしているルータの「無線LAN」機能を利用していた場合、通常は月々のオプション利用料金が発生していたはずです。

新しく強力な「無線LANルータ」を導入して、レンタルの「無線LAN」機能をオフにした場合は、無駄に料金を支払わないように、「無線LAN」オプション契約の解除を忘れないようにしましょう。

【チェック①-B】 電波が弱い場所に「有線LAN」接続で「無線アクセスポイント」を追加

電波の届きが悪い部屋に、「有線LAN」接続で「無線アクセスポイント」を設置するのは、「無線LAN」安定化への定番アプローチです。

たとえば、屋内LAN配線で各部屋にLANポートが設置されている場合などは、積極的に利用したいです。

設置した部屋のみで使う、専用の「無線アクセスポイント」にするのであれば、高価で高出力な「無線アクセスポイント」を用意する必要がないため、少ない予算で「無線LAN」の穴を埋めることができます。

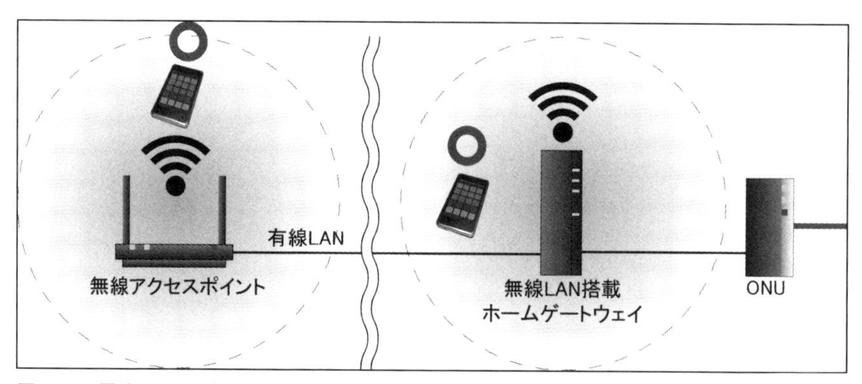

図1-4-4 電波が届きにくい離れた場所へは、有線LAN接続で無線アクセスポイントを設置するのが有効。

【チェック①-C】 「中継機能」や「メッシュ Wi-Fi」で無線エリアを拡張

電波の弱いところへ「無線アクセスポイント」を設置したいけれども「有線LAN」の敷設が難しい場合は、「中継器」を用いることで、「無線エリア」の拡張ができます。

*

中継方法には、(a)昔ながらの「中継機能」を使う方法と、(b)近年注目を集める「メッシュ Wi-Fi」を用いる方法があります。

イメージとしては、「親機」となる「無線アクセスポイント」の電波が届く範囲に、「子機」として新たな「中継器」を設置し、そこから電波を発信して“無線エリア”を広げるというものです。

電波の弱い場所（離れた部屋など）へ「無線アクセスポイント」を設置するのではなく、そこまでの“中間地点”に「中継器」を設置するのがポイントです。

*

なお、「中継器」には、中継専用の子機製品の他に、無線LANルータのモードを「中継機能」に切り替えたものが使えます。

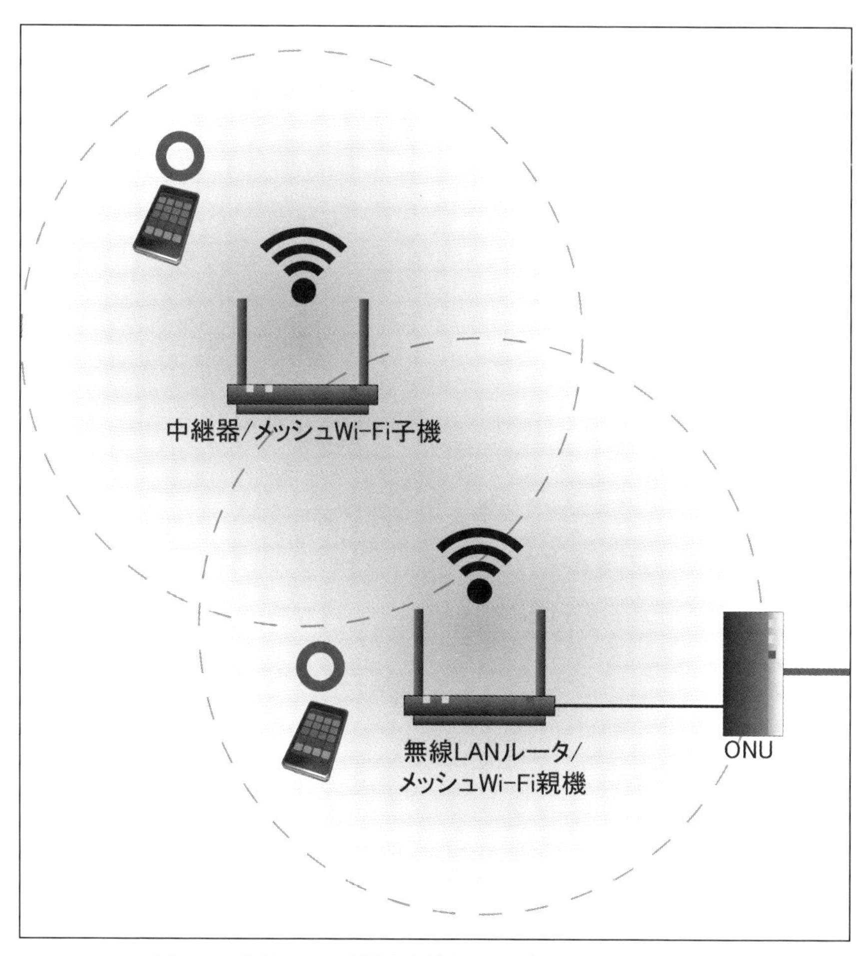

図1-4-5　無線LANの電波を中継する中継機能とメッシュ Wi-Fi。

「**中継機能**」と「**メッシュ Wi-Fi**」のメリットやデメリットについても簡単に触れておきましょう。

両者とも役割的には同じようなものですが、次のような違いがあります。

●中継機能のメリット

異なるメーカーの「無線アクセスポイント」(無線LANルータ)の組み合わせでも動作します。

安価な「中継器」で済ませたり、余った「無線LANルータ」を使いまわしたりして、予算を抑えることができます。

●中継機能のデメリット

「無線アクセスポイント」の名前である「SSID」が、「中継器」ごとにバラバラとなるので、ユーザー側で接続する「中継器」を任意選択するか、電波が弱くなると自動的に接続先を切り替える、スマホの機能に頼ることになります。

家中のいろいろな場所で通信を使いたい場合は、少々煩わしいかもしれません。

●メッシュ Wi-Fiのメリット

どの中継器につながればいちばん通信が安定するかを自動的に判断し、場所を移動したときも自動的かつシームレスに中継器を切り替えてくれます。

運用上の利便性が高いものになっていて、電波がとても遠くまで届く、単一の無線アクセスポイントを使っている感じで運用できます。

●メッシュ Wi-Fiのデメリット

「親機」と「中継器」、すべて同じメーカーの「メッシュ Wi-Fi」機能をもつもので揃える必要があるため、最初から「メッシュ Wi-Fi」を組むつもりで機器を選ぶ必要があります。

*

使い勝手や性能など運用面では、「メッシュ Wi-Fi」が優勢ですが、使用機器を統一する必要があり、新しい無線アクセスポイントに変えたくなった場合、中継器も含めて、すべて一新する必要があります。

本格的に家中どこでも快適に無線LANを使いたい場合は「メッシュWi-Fi」を選択し、一部電波の届きにくいところでもなんとか使えるようになれば良いという程度でしたら、「中継機能」で安価に抑えるのも良いと思います。

図1-4-6　「WEX-1800AX4EA」（バッファロー）
壁コンセントに挿して設置できる「Wi-Fi 6」対応の中継器。

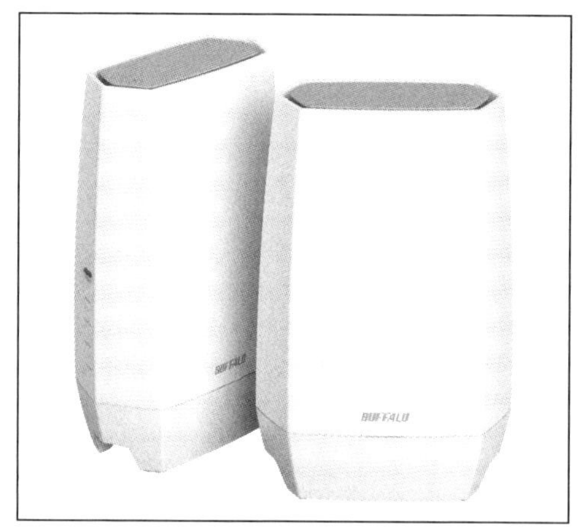

図1-4-7　「WNR-5400XE6/2S」（バッファロー）
最新の「Wi-Fi 6E」対応のメッシュWi-Fiシステムセット

【ケース②】　回線速度が「90Mbps台」で安定している場合

■「100BASE-TX」の機材が紛れ込んでいる可能性

「有線LAN編」でも解説しましたが、回線速度が「90Mbps台」で安定している場合、「家庭内LAN」のネットワーク経路に、「100BASE-TX」の機材が紛れ込んでいる可能性が高いです。

詳しくは「**有線LAN編**」の【**ケース①**】がほとんどそのまま当てはまるのですが、「無線LAN」環境ならではというチェックポイントに、次の1つの項目が挙げられます。

【チェック②-A】有線LAN側が「100BASE-TX」の無線アクセスポイントを利用している

【チェック②-A】　有線LAN側が「100BASE-TX」の無線アクセスポイントは交換

昨今の無線LANルータは安価な入門機でも「Wi-Fi 5」や「Wi-Fi 6」に対応しており、無線部分の最大通信速度は「866Mbps以上」や「1,200Mbps以上」となっている製品が大半で、入門機と言えど、必要充分な性能をもっています。

一見問題はなさそうですが、実は2010年代後半ころに販売されていた安価な無線LANルータの中には、「Wi-Fi 5」に対応しながらも有線LAN側（スイッチング・ハブ部）が「100BASE-TX」に留まっている機種がいくつかありました。

そのような無線LANルータを利用すると、「100Mbps」のかせ（足枷（あしかせ））が付く、といった図式です。

現行の「無線LANルータ」は、安価でも「有線LAN側」が「1000BASE-T」対応となっている機種が大半なので、回線速度に不満がある場合は、交換するようにしましょう。

図1-4-8 「Aterm WG1200HS4」(NEC)
「Wi-Fi 5」対応、市場価格4,000円以下で購入できる入門機ながら、有線LAN側もしっかりと「1000BASE-T」に対応している。

【ケース③】 「回線速度」が著しく低い場合

■ 古い機器や「2.4GHz帯」を使っている可能性

電波状況が良好な「無線アクセスポイント」の直近でインターネット回線の速度計測を行なったにもかかわらず、結果が「100Mbps」に遠く及ばない場合、可能性は次の2つが考えられます。

【チェック③-A】
「Wi-Fi 4」にも対応していない古い世代の無線LAN機器を使っている
【チェック③-B】
「2.4GHz帯」の無線LANを使っている

【チェック③-A】 古い世代の「無線LAN」機器は交換

「無線LAN」が登場して20数年が経過し、現在に至るまでに無線LAN規格にはさまざまな改良が加えられ続け、通信速度や安定性の向上が図られてきました。

その歴史を簡単に紹介すると、次のようになります。

表1-1 無線LAN規格の変遷

規格	規格策定年	最大転送速度(理論値)	使用周波数帯
IEEE802.11	1997年	2Mbps	2.4GHz帯
IEEE802.11a	1999年	54Mbps	5GHz帯
IEEE802.11b	1999年	11Mbps	2.4GHz帯
IEEE802.11g	2003年	54Mbps	2.4GHz帯/5GHz帯
IEEE802.11n	2009年	600Mbps	2.4GHz帯/5GHz帯
IEEE802.11ac	2014年	6,930Mbps	5GHz帯
IEEE802.11ax	2019年	9,600Mbps	2.4GHz帯/5GHz帯/6GHz帯
IEEE802.11be	2024年?	46,000Mbps	2.4GHz帯/5GHz帯/6GHz帯

そして近年、無線LANの規格名が少々煩雑すぎるということからか、覚えの良い「Wi-Fiナンバリング規格」が登場しました。

現在ナンバリング規格が適用されている無線LAN規格は、次のとおり。

表1-2 Wi-Fiナンバリング規格の適用表

ナンバリング規格	無線LAN規格
Wi-Fi 4	IEEE802.11n
Wi-Fi 5	IEEE802.11ac
Wi-Fi 6	IEEE802.11ax
Wi-Fi 6E	IEEE802.11ax(6GHz帯)
Wi-Fi 7	IEEE802.11be

ここからも読み取れるように、「Wi-Fiナンバリング規格」の割り当てられなかった「IEEE802.11a/b/g」は、ほぼ現役を退いた規格と考えていいでしょう。

通信速度も理論最大値で「54Mbps」なので、今となっては力不足です。

「Wi-Fi 4」に相当する「IEEE802.11n」の登場から10年以上が経過しているので、これら古い世代の無線LANルータや無線LANアダプタは、そろそろ現行機器へ交換したほうがいいでしょう。

「6GHz帯」の「Wi-Fi 6E」がついに解放！

これまで国内電波法の関係で利用できなかった「6GHz帯」が2022年9月より利用可能となりました。

利用には「Wi-Fi 6E」規格に対応した機器が必要で、まだまだ対応製品数は少ないでのすが、少ない今だからこそ、近隣無線LANとの干渉を心配することなく、フルスピードの無線通信を利用できます。

「最大2.5〜10Gbps」といった超高速インターネットを契約している場合に、使ってみたい無線LAN規格と言えるでしょう。

図1-4-11　「Aterm WX11000T12」（NEC）
「Wi-Fi 6E」対応で有線LAN側も「10GBASE-T」対応の最強無線LANルータ

【チェック③-B】　「2.4GHz帯」では「100Mbps」を超えるのが難しい

無線LANで通信に使用する周波数帯は、主に「2.4GHz帯」と「5GHz帯」に分かれています(先述のように最近「6GHz帯」が追加されました)。それぞれの特徴は次のとおり。

●2.4GHz帯

・電波が遠くまで届きやすい。
・汎用周波数帯なので、電子レンジなど他用途のノイズ干渉が多い。
・周波数帯域幅が狭く最大通信速度が遅い。

●5GHz帯

・電波は壁などの障害物に弱い
・他用途とのノイズ干渉が少ない。
・周波数帯域幅が広く最大通信速度が速い。

---

*

以上から、単純に、「2.4GHz帯は電波が遠くへ届く代わりに、遅い」「5GHz帯は電波が遠くまで届かないが、速い」と覚えておけばいいでしょう。

つまり、速い回線速度を求めるのであれば、「5GHz帯」での接続が最低条件となります。

図1-4-12　同じ無線アクセスポイントの「2.4GHz帯」と「5GHz帯」それぞれに接続した場合の「Speedtest」の結果の差。まさに桁が違う結果に

2.4GHz帯を使っている要因として考えられるのは、次の2つです。

[要因①]　無線LANアダプタが「2.4GHz帯」専用

「無線LAN機能」を搭載しないパソコンに「無線LAN機能」を追加する周辺機器として、「USB無線LANアダプタ」がよく用いられます。

中でも安価な「UBS無線LANアダプタ」には、以前から「2.4GHz帯」専用のものが多くあり、その低価格さもあって、広く普及していました。

現在は「5GHz帯」の「Wi-Fi 5」などに対応した「USB無線LANアダプタ」も安価に入手できるようになったので、「2.4GHz帯」専用の「USB無線LANアダプタ」を使っている場合は、そろそろ交換しても良いかと思います。

図1-4-13　このような「2.4GHz帯」専用の小型USB無線LANアダプタが、安価で簡単に無線LAN化できるとして人気に。
「IEEE802.11n」対応で通信速度「最大150Mbps」というカタログスペックをもってはいるものの、実際は「70Mbps」ほど出れば御の字。

図1-4-14　「Archer T2U Nano」(TP-Link)　同じように小型で安価なUSB無線LANアダプタながら、「5GHz帯」の「Wi-Fi 5」対応で通信速度は「最大433Mbps」

［要因②］「2.4GHz帯」の「SSID」に間違えて接続している

デフォルト状態の無線アクセスポイントは、「2.4GHz帯」と「5GHz帯」の無線LANが両方有効になっていて、それぞれ微妙に異なる名前の「SSID」で発信されています。

パソコンやスマホで無線LANの設定を行なう際、接続先の「SSID」に間違えて「2.4GHz帯」のものを選んでしまうと、そのまま「2.4GHz帯」で接続されてしまうことになります。

無線アクセスポイント（無線LANルータ）の機器背面や底面には、「SSID」を含むデフォルト設定情報を印刷したシールが貼付されているので、「2.4GHz帯」と「5GHz帯」の間違いがないか、確認しましょう。

図1-415 機器には「SSID」情報などが記されている

また、「無線アクセスポイント」によっては、「2.4GHz帯」と「5GHz帯」の「SSID」が同一で、どちらに接続したほうが良いかを自動的に判断するものもあります。

確実に「5GHz帯」で接続したい場合は、そのような特殊機能はオフにしておいたほうがいいでしょう。

＊

以上2点をチェックし、「5GHz帯」で接続できるように調整することが、インターネット回線の速度向上のために必要となります。

第2章

ネットワークの基礎知識

　ネットワークは使えていれば問題ない。…たしかに、そうですが、「仕組み」や「規格」をいくらか頭の片隅に入れておくと、いざというときに役に立つこともあるでしょう。
　ここでは、知っておくと役立つ、「ネットワークの仕組み」や「有線LAN、無線LANの規格」について、解説しています。

2-1 ネットワークの仕組み

「TCP/IP」という決まりごと

■ ネットワークは、プロトコルという言葉を用いたキャッチボール

日本人が同じ日本人と意思疎通するのに、「日本語」という言葉を使います。

それと同じように、ネットワークにつながったコンピュータ同士が、データをやり取りするには、何かしらの共通の決まりごと（言葉）が必要です。

このような、コンピュータで使われる共通の決まりごとを、「プロトコル」と呼びます。

特にネットワーク通信に用いられるものは、「通信プロトコル」と呼ばれることも多いです。

コンピュータのネットワークで用いられるプロトコルにはいろいろな種類がありますが、インターネットを含め世界標準的に利用されているプロトコルが「TCP/IP」です。

正確に言うと、「TCP」（Transmission Control Protocol）と、「IP」（Internet Protocol）という2つのプロトコルを用いて、私たちが普段利用しているインターネットは成り立っているのです。

*

「TCP」の基本設計は、「リクエスト＆レスポンス」で、送ったデータが相手に届いたか、都度確認しながら確実な通信を行なうことに重きを置いたプロトコルと言えます。

たとえば、Webサーバに Webページの閲覧を要求（リクエスト）し、Webサーバは要求された Webページを返信（レスポンス）します。

この一連の流れを「セッション」と呼び、レスポンスが帰ってくること

で一連の通信が完了します。

もし、レスポンスが帰ってこなければ、再度Webサーバへリクエストを送って、確実に通信を行なうように設計されています。

＊

一方、「IP」というプロトコルは、通信相手を指定するためのプロトコルです。

ネットワーク上のコンピュータには「IPアドレス」と呼ばれる数値(「192.168.0.1」という風にピリオドで区切られた4つの数字)が付与され、その数値を用いてネットワークの通信相手を指定できるようになっています。

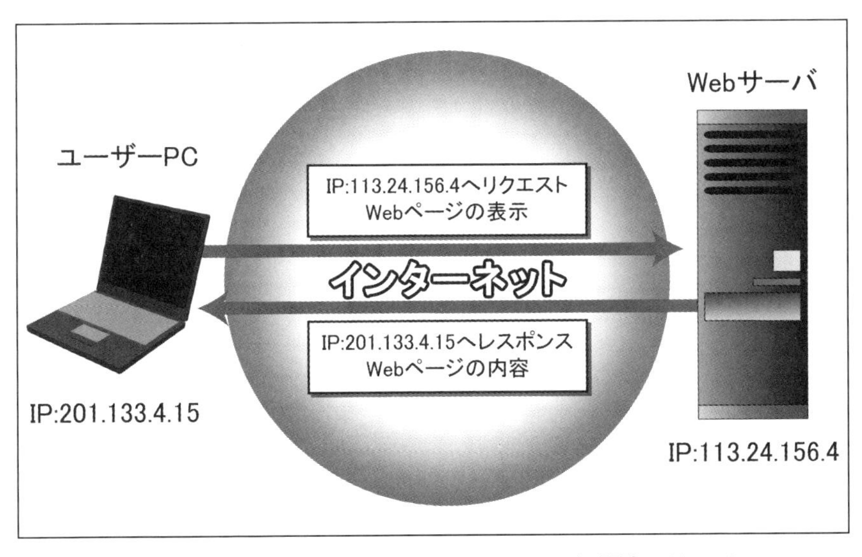

図2-1-1　ある「IPアドレス」が付与されたWebサーバへ閲覧のリクエストを送信し、Webサーバはリクエストが来た「IPアドレス」へWebページ表示のレスポンスを返す。この作業の膨大な繰り返しが、インターネット上で行なわれている。

「IPv4」と「IPv6」

後にも詳しく触れていますが、「IP」は現在「IPv4」と「IPv6」という、バージョンの違う2つの「プロトコル」が混在しています。

大きな違いは、「IPアドレス」の「大きさ」と、その「表記方法」にあり、ここでは「IPv4」を例に使っていきます。

■ 段階ごとに適したプロトコルを使う「階層化モデル」

「TCP/IP」では、通信を役割りごとに4つの階層に分けて定義しています。これを「階層化モデル」と呼びます。

＊

たとえば、手紙を出すことを考えた場合、私たちは手紙の書き方と出し方だけ知っていればOKで、投函した手紙がどこをどう通過して、どのような手段で相手方に届くかは、知っている必要がありませんよね。

コンピュータのネットワークについても同様で、通信の役割ごとに階層化することで、各層の処理を簡潔にできます。

Webページを表示するためのWebブラウザが、"実際にLAN回線でどのような電気信号でデータを送るか……"というところまで面倒を見ていたらキリがありません。

その「TCP/IP」の「階層化モデル」は次のとおりです。

各層ごとに使う規格（プロトコル）が決まっており、そのプロトコルに則って「用途に適したデータ形式」「送受信方法」「実際にLAN回線に乗る信号」といった具合にデータは処理されていきます。

表2-1　「TCP/IP」の階層化モデル

名称	プロトコル	役割
アプリケーション層	HTTP、HTTPS、POP3、IMAP4、DNS等	用途やアプリケーションごとに適したプロトコルを選択
トランスポート層	TCP、UDP等	用途に応じてTCPもしくはUDPで通信
インターネット層	IP等	IPv4かIPv6を使用 複数のネットワーク間で通信を行なうルーティング制御
ネットワークインターフェイス層	Ethernet、PPP等	MACアドレスを用いて同一ネットワーク内の物理的な通信を制御

確実がモットーの「TCP」、投げっぱなしの「UDP」

階層化モデルの「トランスポート層」では、通信に使うプロトコルに、「TCP」か「UDP」を選択します。

先でも触れている「TCP」は、「コネクション型」と呼ばれ、信頼性の高さを長所とします。

しかし、その分、オーバーヘッドが大きく、「レスポンス」や「通信速度」で劣ります。

一般的なインターネットの用途では、「TCP」が用いられています。

*

一方の「UDP」は、「コネクションレス型」という方式で、しっかりデータが到達したかの確認を取らず、通信が失敗していてもデータの再送は行ないません。

つまり、信頼性はゼロの方式です。

その代わりオーバーヘッドが小さく、「レスポンス」や「通信速度」が優秀です。

多少データが欠落しても影響が少なく、それよりもリアルタイム性を重視する用途、たとえば「音声通話」、「動画配信」、「対戦型ネットゲーム」などで、「UDP」は用いられます。

回線の品質が落ちると、「UDP」を利用する用途でいろいろと目に見える不具合（音飛びや、対戦ゲームの相手がワープするなど）が増えてくるので、回線品質をチェックする目安になるかもしれません。

■ データを細切れにしてやり取りする「パケット通信」

「TCP/IP」では、データを決められたサイズに小さく分割して送信します。

一度に大きなデータを送信すると、途中で送信に失敗した際のやり直しリスクが大ききなります。そこで、あらかじめ小さく分けておけば、失敗した小さなデータだけを再送すれば良いので、リスクが小さいという考え方です。

これを「パケット通信」といい、決められたサイズに分けられた1つ1つのデータの塊を、「パケット」と呼びます。

小さく分けられたデータには、そのデータが「何のデータなのか」「どこからどこへ送るデータなのか」といった情報が付加されます。

このような付加データを「ヘッダ」と呼び、「TCP/IP」の階層化モデルの各層でデータ処理が行われるたびに必要なヘッダが付加されていきます。これを「パケットのカプセル化」と言ったりします。

「階層化モデル」の各層で、どのようなパケットが作られるかは、次のとおりです。

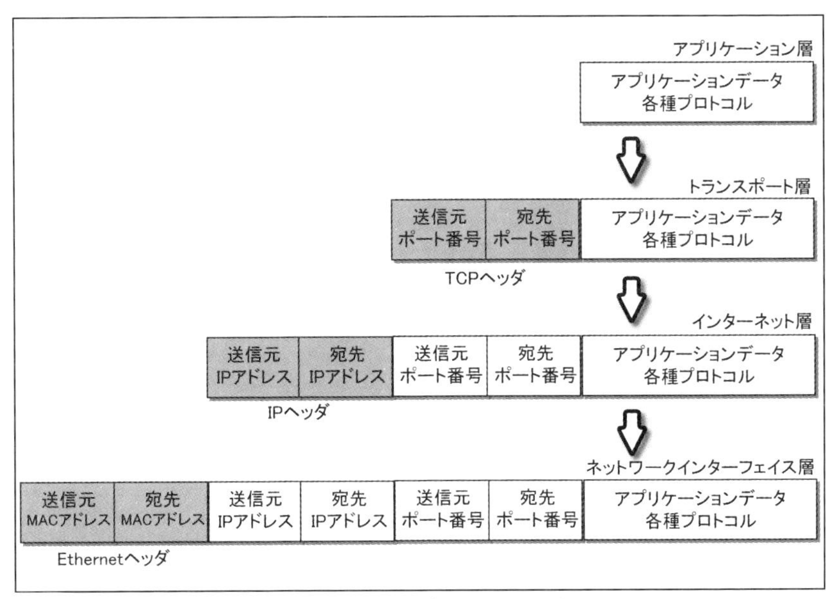

図2-1-3 各層でカプセル化されるパケット

各層を通過するたびにパケットはカプセル化され、各層でパケット送信に必要な情報が、ヘッダとして追加されていきます。

こうすることで、データの中身に関わらず、決まった手続きでパケット送信することが可能になります。

また、パケット受信した側も荷解きをするようにカプセルを開けていくことで、最終目的のアプリケーションへ、データを正確に渡せるようになっているのです。

また、ここでは、ヘッダの内容として「IPアドレス」「ポート番号」「MACアドレス」が記されていることが分かります。

「IPアドレス」はすでに触れていますが、他の用語も聞いたことがあるのではないでしょうか。

イーサネットの通信単位は「フレーム」

階層化モデルの最下層「ネットワーク・インターフェイス層」で使うイーサネットの通信では、通信単位をパケットではなく「フレーム」と呼びます。

呼び名が違うだけで役割的にはほぼ同じなのですが、「フレーム」はルータなどのネットワーク機器を乗り越えるたびに、新しくカプセル化し直されます。

次のネットワーク機器までパケットを運ぶのがフレームの役割で、一区間分の送信が終わったら使い捨てとされる点から、上位階層のパケットとは少しニュアンスが異なると言えるかもしれません。

■ アプリケーションの判別に用いる「ポート番号」

「ポート番号」とは、データ通信を行なうアプリケーションごとに用意した「窓口番号」です。

コンピュータ上では、多数のアプリケーションが並行動作していて、ネットワーク通信も、各アプリケーションが同時並行で行なっています。

どのアプリケーションがどの通信を行なっているのか、アプリケーションごとにポート番号を紐づけることで判別しています。

＊

ネットワークで通信を行なう場合は、「IPアドレス」とともに「ポート番号」の指定が必要で、「192.168.0.1:80」といった具合に「IPアドレス」に続いてコロンを挟んでポート番号を併記します。

ポート番号は、「0〜65535番」まであり、用途ごとにある程度割り振られています。

●ポート番号：0〜1023番
インターネットの重要用途向けに予約された「ウェルノウンポート」

●ポート番号：1024〜49151番
ネットサービスで使われる登録制ポート「レジスタードポート」

●ポート番号：49152〜65535番
空いていれば自由に使える「ダイナミック/プライベートポート」

たとえば、Webページを表示する「HTTP」は、「ポート80」を使うと決められているので、Webサーバに向けた「宛先ポート番号：80」の通信はWebページ表示のリクエストということが分かります。

その際の「送信元ポート番号」には、Webブラウザが確保した、空いているダイナミック/プライベートポート番号を記します。

Webサーバから返信されるパケットには、「宛先ポート番号」として、リクエストしたときに「送信元ポート番号」としていた番号が記されているので、返信されたパケットを見て、"このデータはWebブラウザに向けた返信だな"と判別できるわけです。
複数のタブを開くWebブラウザでは、開いたタブごとに異なるポート番号が割り振られています。

宅配便に例えると、「IPアドレス」が集合住宅のマンション名までの住所だとしたら、ポート番号はそのマンション内の各部屋番号といったところでしょうか。

■ フレームの送り先を指定する「MACアドレス」

「MACアドレス」は、ネットワーク機器1台1台に付けられた番号で、「物理アドレス」とも呼ばれます。

「MACアドレス」のサイズは、「48bit」(うち有効「46bit」)で、2桁の16進数を1セットに6個並べた「xx-xx-xx-xx-xx-xx」といった形式で表記します。扱えるアドレスの数は「2の46乗個」、すなわち「約70兆個」にも上ります。

このアドレス数をもって、世界中のネットワーク機器には重複しないユニークな「MACアドレス」が割り当てられています。

「TCP/IP」によるパケット送信の最下層「ネットワーク・インターフェイス層」では、直近範囲の物理的につながっている他機器にフレーム送信する際、宛先指定には「IPアドレス」ではなく「MACアドレス」を使います。

＊

このように、物理的に回線がつながっているネットワーク機器へのフレーム送信に用いられることから、「MACアドレス」は「物理アドレス」とも呼ばれています。

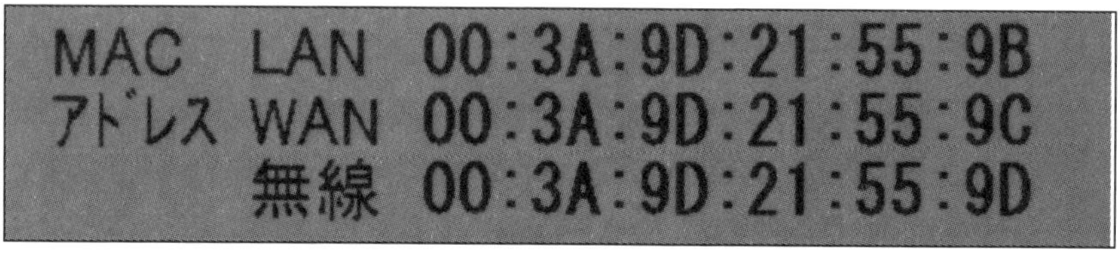

MAC　LAN　00:3A:9D:21:55:9B
アドレス　WAN　00:3A:9D:21:55:9C
無線　00:3A:9D:21:55:9D

図2-1-4　ネットワーク機器には、「MACアドレス」が記されている。

「MACアドレス」は、機器認証にも用いられる

唯一無二のアドレスが割り当てられる「MACアドレス」は、ハードウェア的な認証にも用いられます。

たとえば、インターネット回線事業者は、レンタルしているルータの「MACアドレス」でユーザー認証を行なっている場合もあります（これがレンタルのルータを勝手に変えられない理由です）。

「MACアドレス」は唯一無二じゃない？

唯一無二のはずの「MACアドレス」ですが、一部ネットワーク機器メーカーではMACアドレスの再利用が確認されており、また「MACアドレス偽装」といってパソコンやルータのMACアドレスを書き換えることも簡単です。

実際のところ、「MACアドレス」は直近範囲のフレーム宛先指定にしか使われないので、同一ネットワーク内で重複さえしていなければ運用上の問題は無かったりします。

「スイッチング・ハブ」は「IPアドレス」も「MACアドレス」ももたない

有線LANのネットワーク構築に不可欠なス「イッチング・ハブ」。「LANポート」を複数備えてはいますが、「スイッチング・ハブ」は「MACアドレス」を参考に「LANポート」から「LANポート」へパケットを流すだけの機器で、それ自身は「IPアドレス」や「MACアドレス」をもちません。

インターネットは、膨大な数のルータ同士のつながり

■「パケット」のバケツリレーでインターネットは成り立っている

さて、「TCP/IP」について少し触れたことで、インターネットのデータ通信について少しイメージできることが増えたかと思います。

＊

インターネットを含む「TCP/IP」を用いるネットワークでは、データを小さなパケットに分け、「ヘッダ」として「宛先」を張り付けて送信します。

最終的な宛先は「IPアドレス」で指定されていますが、途中経路に関する情報などは、パケットのヘッダに含まれていません。

途中、どういった経路を通れば宛先まで届くのかに関しては、途中のネットワーク機器たちに丸投げというわけです。

そこで重要になるのが、「ルータ」の役割です。

＊

「ルータ」は、ネットワーク同士の接続に用いられる機器で、「**インターネットは膨大な数のルータ同士が結びついて成り立っている**」と言っても過言ではありません。

「ルータ」は、流れてくる「パケット」を、次の「ルータ」へと受け渡すのが仕事ですが、個々のルータは、パケットが宛先までどういう経路で流れていくのか、すべて把握しているわけではありません。

「MACアドレス」の説明でも少し触れましたが、ルータがパケットの流れに関与できるのは、物理的に回線がつながっている直近範囲だけにすぎないからです。

＊

ルータは、「**宛先がこのIPアドレスなら、直近のルータの中でこのMACアドレスのルータに流せばよい**」といった、ルーティング・テーブル*をもっています。

＊ ルータ同士が情報交換を行ない、随時更新されているテーブル。

「IPパケットヘッダ」内の「宛先IPアドレス」から、**「たぶん、次はこっちのルータに回せば目的のIPアドレスに近付けるだろう」**程度の判断で、次の行き先を決定することになります。

そして、「指定の宛先MACアドレスを記述したフレーム」で、「IPパケットをカプセル化」し、次のルータへ流すというわけです。

次のルータでは、同じく「受け取ったフレームを荷解き」して、「IPパケットヘッダから宛先IPアドレスを確認」、また「次の宛先MACアドレスを記したフレームにカプセル化して流す」……ということを繰り返します。

無責任と言えば無責任な挙動ですが、これがインターネットの基本設計で、ルータに過度な負担をかけないようになっています。

*

このような、「ルータ」から「ルータ」への「IPパケットの受け渡し」が、フレームをバケツとして見たバケツリレーに例えられます。

個々のルータそれぞれが、「宛先IPアドレス」に近いほうへ近いほうへと「IPパケット」を流すことで、最終的にちゃんと宛先へ到達するわけです。

*

このようなルータの仕事を「ルーティング」といいます。

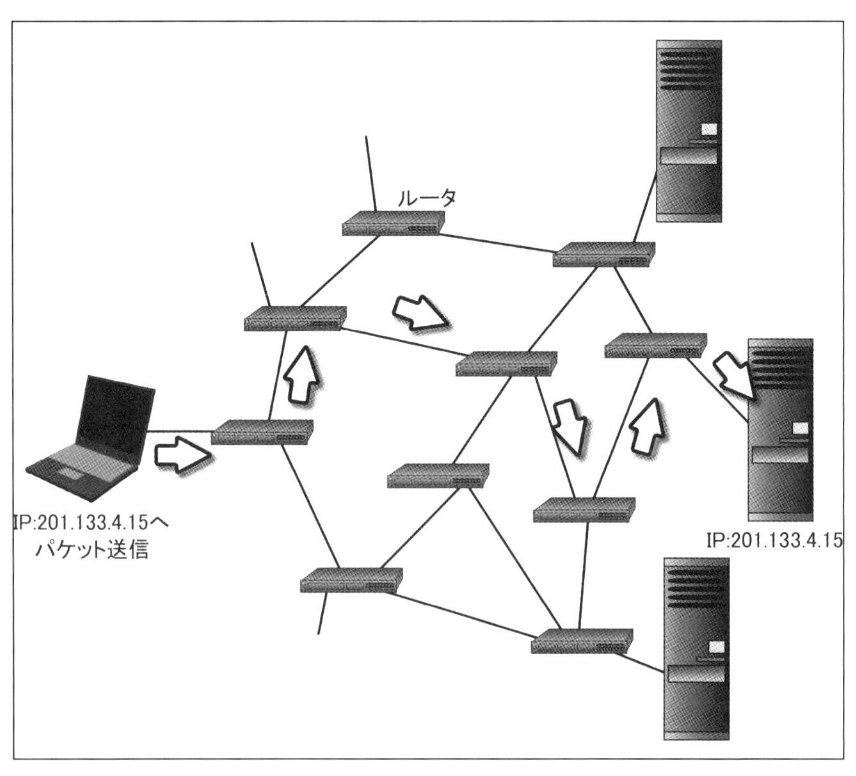

図2-1-5　複雑に相互接続するルータが、宛先により近い方へとパケットをリレーすることで、最終的に宛先へパケットが届く。

■「LAN」と「WAN」と「インターネット」

ネットワークの規模を示す言葉に、「LAN」と「WAN」があります。

ルータの接続ポートを確認すると、「LANポート」「WANポート」と記されているのを、確認したことがあるかと思います。

本書でも、ここまで何気なく「LAN」という言葉を使っていましたが、その意味や定義について、ここで今一度確認しておきましょう。

●LAN (Local Area Network)

同じ建物内などの、限定された範囲で構築するネットワークを「LAN」と言います。

企業で使うネットワークは「社内LAN」、家で使うネットワークは「家庭内LAN」と呼ぶことが多いでしょうか。

LANの構築には、「有線LAN」や「無線LAN」と言った、「ネットワーク機器」を用います。

*

LANには、ネットワークを管理する管理者がいて、管理者によって許可された機器しかLANにはつなげられません（家庭内LANの場合、ユーザーが管理者になります）。

このようなネットワークを、「プライベート・ネットワーク」や「閉じたネットワーク」などと呼んだりします。

また、LANはその運用法で「クライアント・サーバ型」「ピア・ツー・ピア型」に分けられますが、私たちが家で使う家庭内LANは、基本的に「ピア・ツー・ピア型」になります。

●WAN (Wide Area Network)

名前から想像できるように、広い範囲で構築するネットワークを「WAN」と呼びます。

具体的には、離れた場所にある「LAN」と「LAN」同士を接続し、大きなネットワークにまとめたものを「WAN」と言います。

分かりやすい例としては、企業の「本社」と「支社」、それぞれの「社内LAN」を相互接続して、「全国規模のネットワーク」とするのが「WAN」です。

＊

WANは大規模なネットワークですが、管理者によって管理されたプライベート・ネットワークであり、部外者がアクセスすることはできません。

部外者がアクセスできないようにセキュリティを万全にすることも、WAN構築に求められる技術と言えます。

また、WANの規模になると、「LANケーブル」や「無線LAN」では、物理的に構築が不可能なので、「回線事業者のサービス」を利用するのが一般的です。

「専用線」を使ったり、「インターネットVPN」を使ったり、予算に応じてさまざまな手法がとられます。

＊

以上のように、近くのコンピュータ同士で構築するのが「LAN」、そのLAN同士をくっつけたものが「WAN」となります。

そしてどちらにも共通するのが、いずれも管理者のいる「プライベート・ネットワーク」であり、管理者の認可しない部外者は、アクセスすることができないという点です。

この部分が、「LAN」、「WAN」と「インターネット」の大きく違うところでしょう。

＊

「インターネット」も「LAN」も「WAN」も、技術面ではほぼ同じもので、数多くのLANを相互接続したものが「インターネット」と言えます。

これは家で組んだLANの延長線上にインターネットを利用できていることから、実感しやすいと思います。

一方で、インターネットには全体を管理する管理者はおらず、利用ユーザーも不特定多数。ただ業界標準ルールはしっかりと定められ、ルールに従えば、誰でも参加可能なネットワークです。

その結果、ネットワークは全世界に広がり、世界規模のネットワークを実現できるようになりました。

ルータの接続ポートなどから、「WAN＝インターネット」というイメージをもっている人も少なくないと思いますが、厳密には少し違うということは知っておいても良いでしょう。

2-2 「IPアドレス」の基礎知識

「IPアドレス」はネットワーク上での「住所」

■ ネットワーク機器は必ずもっている「IPアドレス」

さて、ここまでインターネットやLANの解説を進めるために、それほど詳しい説明も挟まず「IPアドレス」という用語を使ってきました。

日頃からインターネットに触れていれば「IPアドレス」がどういうものなのかご存じの方も多いと思いますが、ここで今一度「IPアドレス」についてのおさらいをしておきましょう。

＊

「IPアドレス」とは、「TCP/IP」で通信を行なうネットワーク機器が必ずもっている番号で、ネットワーク上での住所にあたるものです。

インターネットを含む「TCP/IP」のネットワークには、「IPアドレス」から所在（どこのネットワークを経由してたどり着けるサーバなのかという物理的な所在）を突き止めていける仕組みが備わっており、宛先に指定した「IPアドレス」へしっかりとデータを届けてくれます。

この仕組みが全世界に広がるネットワーク、すなわち「インターネット」を実現しました。

■「IPアドレス」の記述方法

「IPアドレス」(ここでは「IPv4」を扱います)は、「192.168.0.1」のように記述され、この形の数字はよく見かけると思います。この形の数字がどうやって導き出されているのか、豆知識として紹介しておきましょう。

*

「IPアドレス」は、「32bit」の大きさをもち、「0～4,294,967,295」までの数字を表現できます。つまり、「IPアドレス」は全部で「約43億個」まで扱えるということを意味します。

さて、この「32bit」の数字を2進数で記述すると、「0」と「1」が「32個」並びます。

この2進数を先頭から「1オクテット」ずつ(通信分野では「8bit」を「オクテット」と言う)ピリオドで区分けして、それぞれの「1オクテット」の2進数をそれぞれ10進数に変換したものが、私たちが普段見かける「IPアドレス」の記述になります。

このような記述を、「ドット・デシマル・ノーテーション」と呼びます。

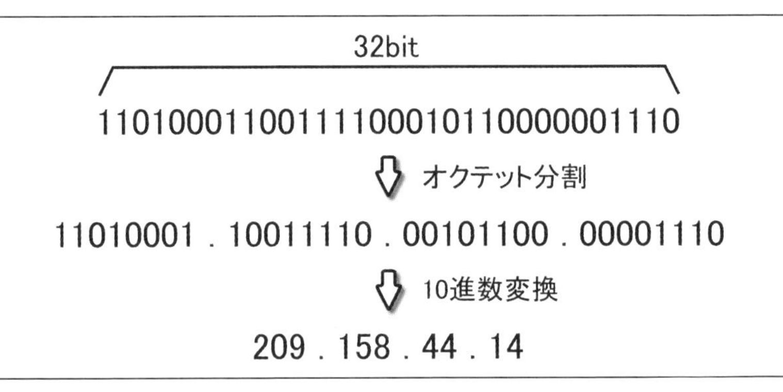

図2-2-1　IPアドレスの記述方法

なぜこのような記述が使われているのかというと、やはり人の目に見やすくするためという理由が、いちばん大きいでしょう。

「1オクテット」は、10進数で「0〜255」の範囲に収まるので数字を覚えやすいという点も重要だと思います。

たとえば、IPアドレス「192.168.0.1」は家庭内LANのルータのIPアドレスとしてよく見かける数字ですが、これを2進数にすると、

11000000101010000000000000000001

……という「32個」の0と1の羅列になり、これは読みにくいし覚えられません。
かといってこれを10進数で記述したとしても、

3,232,235,521

……となり、やはりこれも覚えられそうにありません。

もし、10進数で記述するなら、10進数的にキリの良い数字を中心に使う必要がありますが（たとえば、ルータでよく使うIPアドレスは、「1,000,000」にするという具合に）、そうすると今度はコンピュータでの処理に少々不都合が生じます。

＊

というわけで、コンピュータで扱いやすく人の目にも見やすい記述が「ドット・デシマル・ノーテーション」というわけです。

■「IPアドレス」は管理されている

さて、インターネット上で機器の所在を示す住所ともいうべき「IPアドレス」、これが複数の機器で重複してしまうような事態は、絶対に避けなければなりません。

そのために、インターネットにつながる機器のIPアドレスは、「IPアド

レスポリシー」と呼ばれる管理方針に基づいて世界的に管理されています。

「IPアドレス」の管理を委任されている組織は、「インターネット・レジストリ」と呼ばれ、「IANA（ICANN）」という組織を頂点とした階層構造で地域ごとの「IPアドレス」を管理しています。

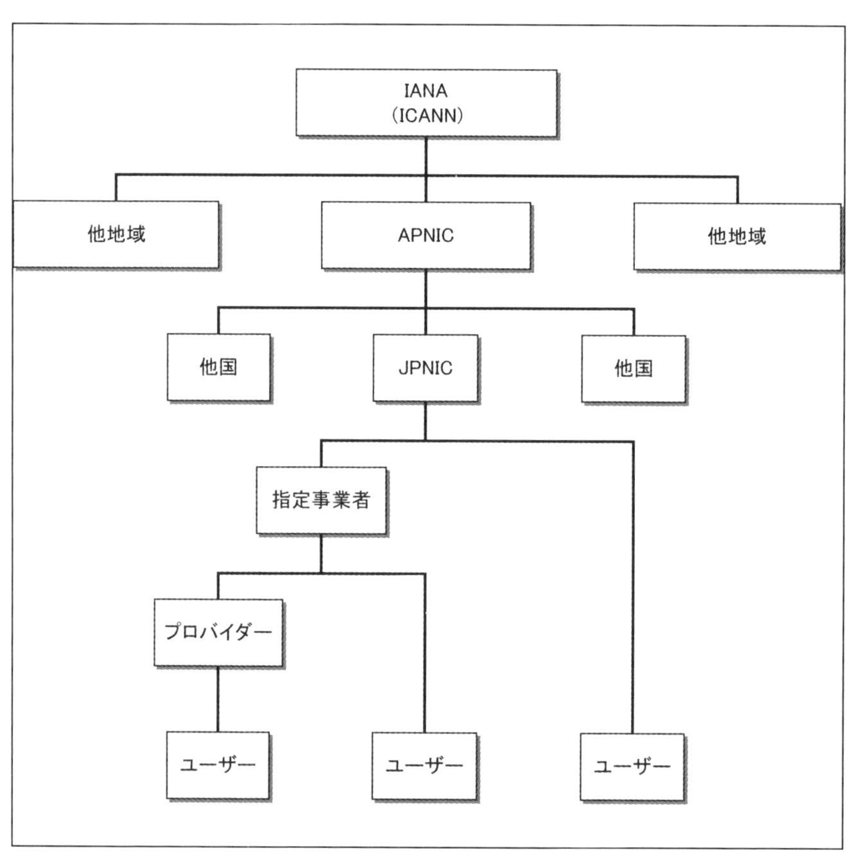

図2-2-2　「IPアドレス」の管理体制
日本のエンド・ユーザーに割り当てられるまでの流れ。

インターネット・レジストリにより、世界の地域ごとに使える「IPアドレス」が割り振られ、それをさらに細かい国や地域別に割り振ります。

日本におけるIPアドレス管理の頂点組織は「JPNIC」です。

そこからIPアドレス管理を委託された「指定事業者」へ割り振り、次に「プロバイダ」へ割り振ります。

そして、ついに私たち「エンド・ユーザー」のところへ「IPアドレス」が1つ割り当てられます。

*

このように階層的に「IPアドレス」を割り振っていくので、重複のないユニークな「IPアドレス」を「エンド・ユーザー」まで行き渡らせることができるのです。

「IPアドレス」で個人情報特定？

以上のように、インターネットの「IPアドレス」はガチガチに管理されていて、プロバイダ側も何月何日何時にどのユーザーにどの「IPアドレス」を割り当てていたかという記録を残しています。

そのため、アクセスログなどに残る「IPアドレス」から、プロバイダ側に開示請求を求められ、請求が通れば、ユーザーの個人情報を特定することも可能です。

*

ただ、プロバイダの個人情報開示は、裁判所などからの法的請求でないと基本的に通らないため、法に触れるようなことをしなければ、特に心配する必要はありません。

「IPアドレス」と「ドメイン名」

■ インターネットを利用していて「IPアドレス」を意識する機会は少ない

さて、「インターネット」や「LAN」といったネットワークの通信に「IPアドレス」は不可欠ですが、私たちがインターネットを利用している中で、実際のところ「IPアドレス」を意識する機会はとても少ないのではないかと思います。

たとえば、インターネット上で住所にあたるものと言われたら、「IPアドレス」よりも「www.kohgakusha.co.jp」といった文字列のほうが先に思い浮かぶ人もいるのではないでしょうか。

*

この文字列は「ドメイン名」と言い、こちらもインターネット上の住所という考えで間違いありません。

「ドメイン名」とは、憶えにくい数字の羅列である「IPアドレス」を、人が理解しやすい「文字列」に紐づけしたものになります。

ただ、コンピュータがネットワーク通信を行なう際に必要とするのは、あくまでも「IPアドレス」のほうです。

したがって、コンピュータは「ドメイン名」を「IPアドレス」に置き換えてから通信を行ないます。

このような処理を、「名前解決」と言います。

「ドメイン名」の使用権は基本早い者勝ち

「ドメイン名」の構造は、最も右側のラベルを「トップレベルドメイン」と呼び、そこから左に向かって「第2レベルドメイン」「第3レベルドメイン」と呼称します。

「トップレベルドメイン」や「第2レベルドメイン」には「国」や「属性」を意味する文字が入ることが多いです。

そして最重要なのは、その次のドメインで、ここに「ドメイン名」として表現したい「文字列」を記します（企業名など）。

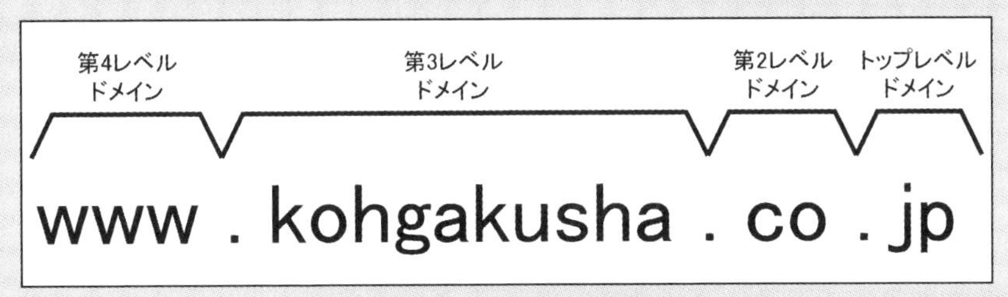

図2-2-3 ドメイン名の構成

「ドメイン名」は、「登録料」と「更新料」さえ支払えば、誰でも簡単に取得でき、基本的に先に登録した者に使用権があることから、有名企業や商標などのドメイン名を本家よりも先に申請して、使えなくしてしまうという問題が以前は散見されました。

このような問題を、「ドメイン名紛争」と言います。

ただ、現在は単純に早い者勝ちというわけではなく、嫌がらせや高額転売目的で取得したと判断された場合、ドメイン名を取り戻しやすくなっています。

■「ドメイン名」→「IPアドレス」への変換方法

「ドメイン名」と「IPアドレス」を紐づける仕組みを、「DNS」(Domain Name System)と言います。

これは、世界中に存在するサーバが協調して動作するデータベースで、地域ごとのサーバがその地域に関する「ドメイン名」と「IPアドレス」の対応表を管理しており、世界中どこからでも参照できるようになっています。

このようなDNSのデータベースをもつサーバを「ネームサーバ」と言

い、ここに「ドメイン名」を問い合わせることで、対応する「IPアドレス」を取得できます。

ネームサーバのうち、特にいちばん最初に問い合わせを行なうネームサーバを「DNSルートサーバ」と呼び、次に地域ごとのドメイン名を管理するネームサーバを「DNS権威サーバ」と呼びます。

問い合わせるドメイン名の種類から、IPアドレスのデータベースをもっていそうなDNS権威サーバが次々と紹介されていき、最終的に目的のIPアドレスが得られるという仕組みです。

ただ、通常このようなネームサーバへの問い合わせを、私たちのコンピュータからそれぞれ直接行なうことはありません。
これらネームサーバへの問い合わせを代行してくれる「DNSキャッシュサーバ」というネームサーバがあり、私たちのコンピュータはそこへドメイン名の問い合わせを行ないます。

「DNSキャッシュサーバ」は、主に「インターネット回線事業者」や「プロバイダ」が用意しているネームサーバで、名前から想像できるように一度解決したことのある「ドメイン名」の「IPアドレス」を、一定期間キャッシュします。

ユーザーから既知のドメイン名の問い合わせがあった場合は、キャッシュから素早く返答できるというわけです。

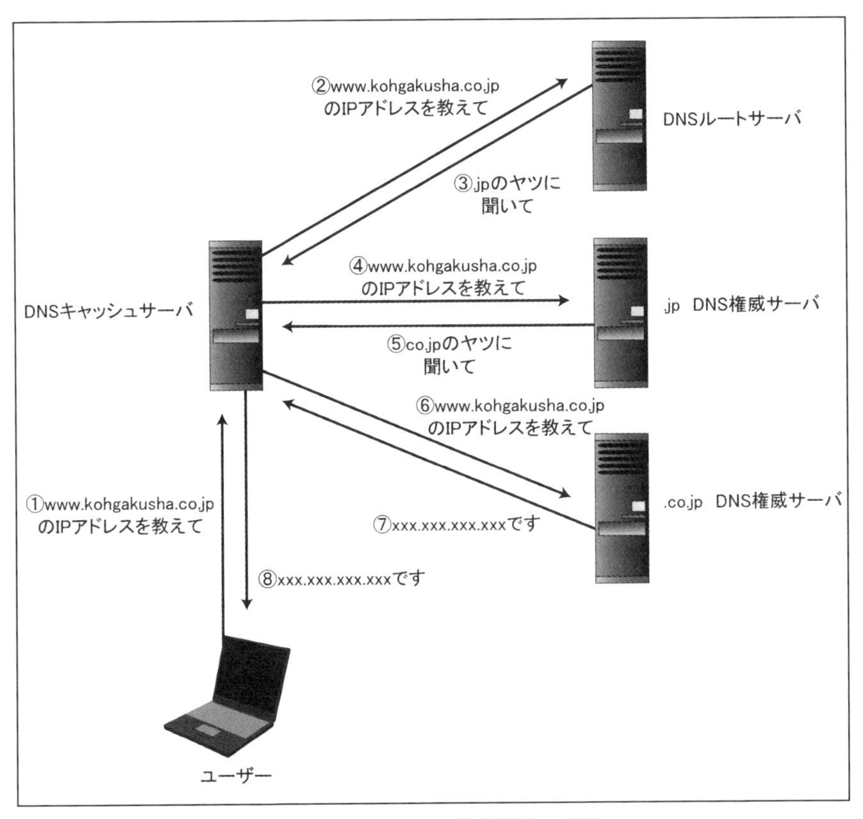

図2-2-4 DNSによる名前解決の手順

「グローバルIPアドレス」と「プライベートIPアドレ

■ 世界で唯一のIPアドレスと、自由に使えるIPアドレス

「TCP/IP」のネットワークにとって、ネットワーク上の住所を意味する「IPアドレス」(ここでは「IPv4」について扱います)が必須ということは、これまで幾度となく触れてきましたが、あえて触れてこなかった部分もありました。

それが、「グローバルIPアドレス」と「プライベートIPアドレス」です。

＊

「グローバルIPアドレス」は、インターネット上の住所として使える公の「IPアドレス」で、「インターネット・レジストリ」によってガチガチに管理されているIPアドレスです。

この「グローバルIPアドレス」を割り当ててもらえないと、インターネットにはアクセスができません。

＊

一方の「プライベートIPアドレス」は、「家庭内LAN」や「社内LAN」で、機器に割り当てる「IPアドレス」です。

「プライベートIPアドレス」ではインターネットにアクセスできませんが、どこかに申請する必要もなく、ネットワーク内の機器へ自由に「IPアドレス」を割り当てて使うことができます。

ただ、「プライベートIPアドレス」も完全自由に使って良いというわけではなく、利用できる「IPアドレス」の範囲は決められています。

＊

「プライベートIPアドレス」は、次の3つの範囲の中から任意に利用します。

・「10.0.0.0」～「10.255.255.255」　約1,677万アドレス
・「172.16.0.0」～「172.31.255.255」　約100万アドレス
・「192.168.0.0」～「192.168.255.255」約65,000アドレス

「家庭内LAN」でよく利用されるのが「192.168.0.0」～「192.168.255.255」の範囲で、「プライベートIPアドレス」の例としてもよく使われます。

「同一セグメントのネットワーク」と「サブネットマスク」

■ LAN内のコンピュータは区分けされている

「プライベートIPアドレス」に触れたついでに、「同一セグメントのネットワーク」と「サブネットマスク」についても触れておきましょう。

「同一セグメントのネットワーク」とは、LAN内で、コンピュータやネットワーク機器が相互に通信可能なグループ状態となっていることを意味する用語です。

LAN内のコンピュータは意図的にグループ分けをしてセグメント化することが可能で、コンピュータ同士で通信するためには、それぞれを同じグループにセグメントする必要があります。

そのセグメントのグループ分けには、「IPアドレス」と「サブネットマスク」が用いられます。

各コンピュータに設定した「IPアドレス」と「サブネットマスク」が条件を満たすことで、初めて同一セグメントになり、コンピュータ同士の通信が可能となります。

セグメントを超えた通信にはルータが必要

「セグメント」を超えて通信を行ないたい場合は、ルータを経由する必要があります。

家庭内LANとインターネットがその関係にあたり、LAN内からセグメント外のインターネットにアクセスするために、ルータが必要となるのです。

■「ネットワークアドレス」と「ホストアドレス」

IPアドレスは、「32bit」の大きさをもちますが、詳しくはIPアドレスを2進数表記した際の「上位○○bit分」を「ネットワークアドレス」、残りの下位部分を「ホストアドレス」とした2つの要素で構成されています。

このうち、**ネットワークアドレスが同一のコンピュータ同士が同一セグメントに属する**ことを意味します。

そしてこのネットワークアドレスの範囲（IPアドレスの上位○○bit

分)を指定するのが「サブネットマスク」の役割です。

「サブネットマスク」も「IPアドレス」と同じく、「ドット・デシマル・ノーテーション」で表記され「32bit」の大きさをもちます。

IPアドレスとサブネットマスクの設定で、ネットワークのセグメントがどのようになるのか、その一例が次になります。

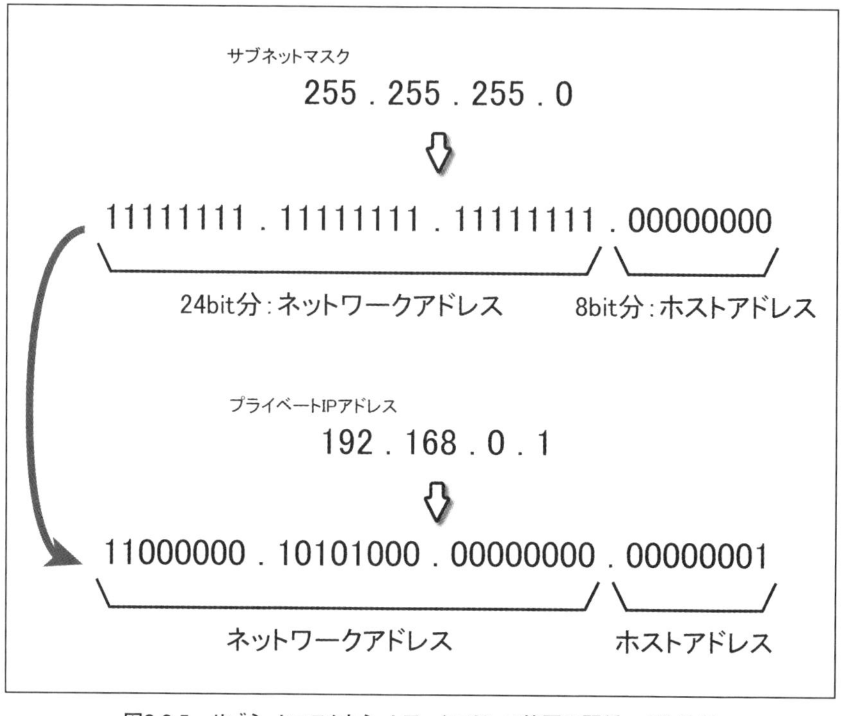

図2-2-5　サブネットマスクとネットワークアドレス範囲の関係。2進数表記のサブネットマスクの「1」と重なる範囲がネットワークアドレスになる

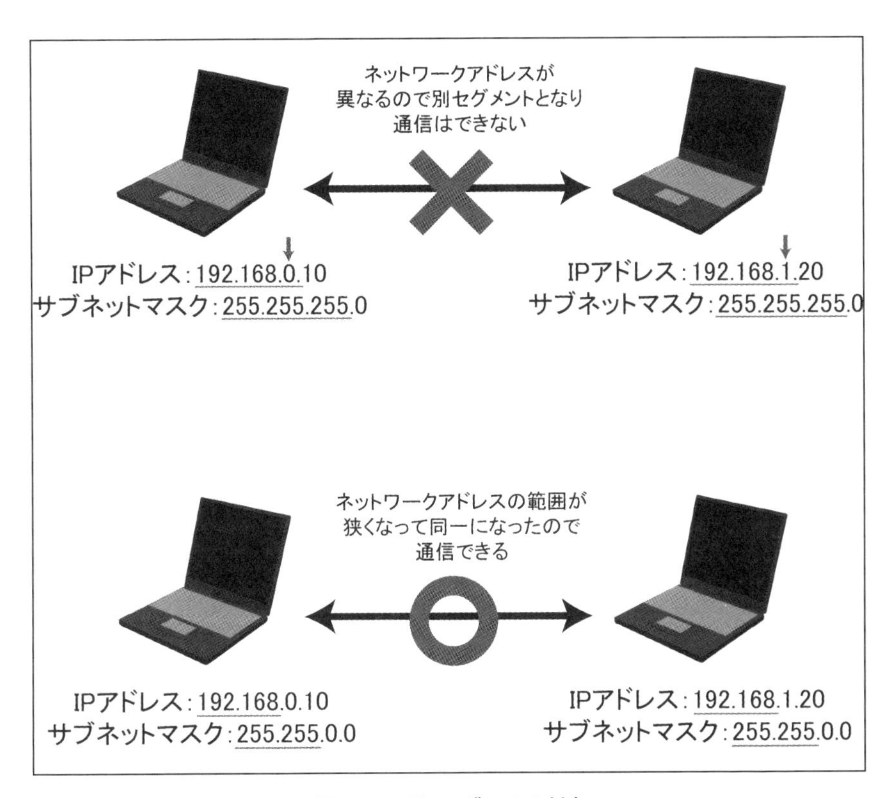

図2-2-6　同一セグメントの判定

サブネットマスク「255.255.255.0」の場合、「上位3オクテット分」つまりは、「上位24bit分」がネットワークアドレスとして扱われるので、IPアドレスも「上位24bit分」つまりは「192.168.0」までが同じでなければ同一セグメントとみなされません。

たとえば、「192.168.0.xxx」と「192.168.1.xxx」のコンピュータ同士は違うセグメントとなり、通信できないのです。

一方でサブネットマスク「255.255.0.0」と、「1オクテット分」の「0」を増やした場合は、「上位16bit分」つまり「192.168」までが同じであれば同一セグメントとみなされます。

このサブネットマスク設定であれば、「192.168.0.xxx」と「192.168.1.xxx」のコンピュータ同士も通信可能となります。

このサブネットマスクの差は、同一セグメントに配置できるホスト（コンピュータやネットワーク機器）台数の差、つまりはセグメントの大きさを意味します。

サブネットマスク「255.255.255.0」では「最大254個」のIPアドレスを用意でき、サブネットマスク「255.255.0.0」では、「最大65,534個」のIPアドレスを用意できます。

家庭内LANの場合は、IPアドレスが「254個」もあれば充分なので、サブネットマスク「255.255.255.0」の設定が主に使われています。

「ホスト」に割り当てできない特殊な「IPアドレス」

「IPアドレス」の中には、LAN内のコンピュータやネットワーク機器に割り当てることのできない特殊な「IPアドレス」があります。

●ネットワークアドレス

「ネットワークアドレス」そのものを指し、「ホストアドレス」のbitがすべて「0」になる「IPアドレス」です。

サブネットマスク「255.255.255.0」では「xxx.xxx.xxx.0」、サブネットマスク「255.255.0.0」では「xxx.xxx.0.0」が「ネットワークアドレス」になります。

●ブロードキャストアドレス

同一セグメント内すべての機器へ一斉に通信する際に使う「IPアドレス」で、「ホストアドレス」のbitがすべて「1」になる「IPアドレス」です。

サブネットマスク「255.255.255.0」では「xxx.xxx.xxx.255」、サブネットマスク「255.255.0.0」では「xxx.xxx.255.255」が「ブロードキャストア

ドレス」になります。

●ループバックアドレス

自分自身を示す「IPアドレス」で、「127.0.0.1」が相当します。

たとえば、Webサーバや動画配信サーバなどをパソコン上で実行している場合、自身のパソコンからは「IPアドレス」に「127.0.0.1」と入力することで、サーバの動きを確認できます。

「サブネットマスク」は必ずしも「オクテット単位」ではない

今回の解説では、分かりやすいように「オクテット単位」(8bit単位)での「サブネットマスク」の差を例どしましたが、実際はもっと細かく指定して用いられることも多いです。

たとえば、「上位20bit分」を「ネットワークアドレス」とする場合の「サブネットマスク」は、「255.255.240.0」になるといった具合です。

＊

ただ、これではパッと見で何bit分が「ネットワークアドレス」になっているか分かりにくいので、「172.16.10.1/20」という具合に、「IPアドレス」の後ろに「スラッシュ」を挟んで直接bit数を併記することで、「IPアドレス」と「サブネットマスク」を同時に表現する「プレフィックス表記」が良く用いられます。

基本は自動設定でOK！

セグメントやサブネットマスクについて解説してきましたが、家庭内LANの運用であれば、基本的にルータが行なってくれる自動設定そのままで、まったく問題ありません。

もし、手動でネットワークの設定が必要になった場合に、ここでの解説を参考にしてみてください。

「IPv4」と「IPv6」

■「グローバルIPアドレス」の枯渇が深刻な「IPv4」

現在、世界のインターネットで用いられているIPアドレスのプロトコルは「IPv4」が主流ですが、新しいバージョンの「IPv6」の普及も徐々に進み、両者が共存している状態です。

*

なぜ「IPv6」が使われるようになったのか、その主な要因は「IPv4」の「グローバルIPアドレス」の枯渇問題です。

「IPv4」のIPアドレス（IPv4アドレス）は「32bit」の大きさをもち、「約43億個」のIPアドレスを扱えます。

インターネット黎明期の30年以上前には充分と思われていましたが、現在では世界中のネットワーク機器数に対応できなくなってきていて、「プライベートIPアドレス」を併用しつつ、だましだまし運用している状態と言えるでしょう。

■事実上、無制限に「IPアドレス」を使える「IPv6」

一方、新しい「IPv6」で扱う「IPアドレス」（IPv6アドレス）の大きさは「128bit」、数にして「約340澗個」（かん：10の36乗）の「IPv6アドレス」を扱えます。

これは、「グローバルIPアドレス」を事実上無制限に使えることを意味します。

今後、ますますいろいろなモノがネットワークにつながる時代になっていくことを考えると、「IPアドレス」に個数制限のない「IPv6」が主流になることが待ち望まれます。

■「IPv6アドレス」の表記方法

「IPv6アドレス」は、「128bit」もの大きさがあるので、「IPv4アドレス」よりも長くて複雑な表記になることは避けられません。

「IPv6アドレス」の表記は、次のようになります。

①「128bit」の2進数を「2オクテット」(16bit)ごとにコロンで挟み、「全8フィールド」に区切ります。

②各フィールドを16進数に変換します。

なお、大文字のアルファベットは「8」と「B」、「0」と「D」を見間違えることがあるため、小文字のアルファベットを使うようになっています。

③コロンで区切られたフィールド内がすべて「0」であり、かつそのフィールドが2か所以上続く場合は、それらのフィールドを「::」と2つのコロン表記に省略します。

連続する「0フィールド」が2か所以上ある場合は、どちらか片方のみを省略します。

「IPv6アドレス」は、「全8フィールド」と決まっているので、そこから省略した「0フィールド」が何個連続していたか逆算できます。

④各フィールドの先頭から連続する「0」を省略します。

「0000」の場合は「0」と省略します。

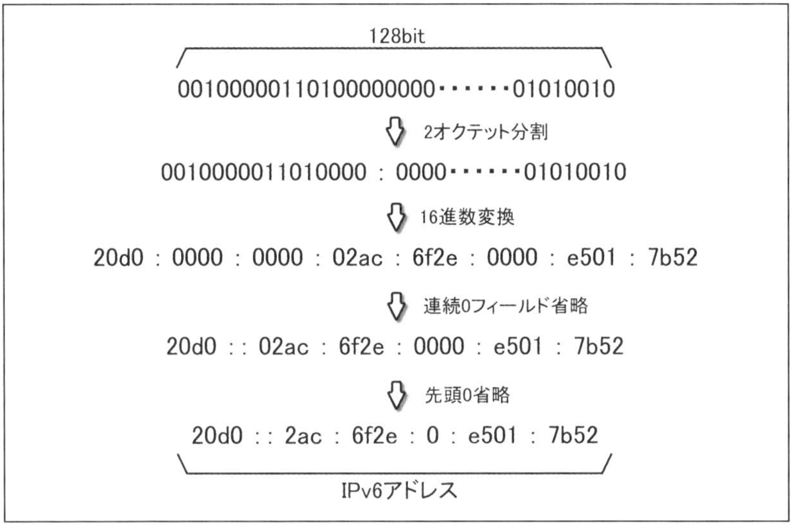

128bit

00100000110100000000・・・・・・01010010

⇩ 2オクテット分割

0010000011010000 : 0000・・・・・・01010010

⇩ 16進数変換

20d0 : 0000 : 0000 : 02ac : 6f2e : 0000 : e501 : 7b52

⇩ 連続0フィールド省略

20d0 : : 02ac : 6f2e : 0000 : e501 : 7b52

⇩ 先頭0省略

20d0 : : 2ac : 6f2e : 0 : e501 : 7b52

IPv6アドレス

図2-2-7　IPv6アドレス表記方法

数字に16進数を用い表記自体も長く複雑になっていることから、「IPv4アドレス」よりもアドレスの可読性や覚えやすさは低下していると言わざるを得ないでしょう。

■ LAN内でも「グローバルIPアドレス」を使う「IPv6」

「IPv6」はほぼ無制限なアドレス数を背景に、LAN内のネットワーク機器にも「グローバルIPアドレス」を割り当てます。

「IPv6」にも「プライベートIPアドレス」に相当するものはあるのですが、基本は「グローバルIPアドレス」の使用がメインとなります。

＊

「128bit」の大きさをもつIPv6アドレスは「前半64bit」の「プレフィックス」と「後半64bit」の「インターフェイスID」という2要素の合体で成り立っています。

「IPv4アドレス」が、「ネットワークアドレス」と「ホストアドレス」で分けられていたのと同じようなものです。

このうちプレフィックス部分にプロバイダから提供される「グローバル・ルーティング・プレフィックス」と「サブネットID」を用いたIPアドレスが、「IPv6」における「グローバルIPアドレス」になり、「IPv6」では「グローバル・ユニキャスト・アドレス」と呼びます。

一般に、アドレスの先頭が「2」から始まるアドレスが「グローバル・ユニキャスト・アドレス」と考えていいでしょう。

*

なお、「インターフェイスID」部分は、機器側で自動生成するもので、「MACアドレス」を元にその機器固有の「インターフェイスID」が生成されます。

これが、「IPv6アドレス」の「後半64bit」になります。

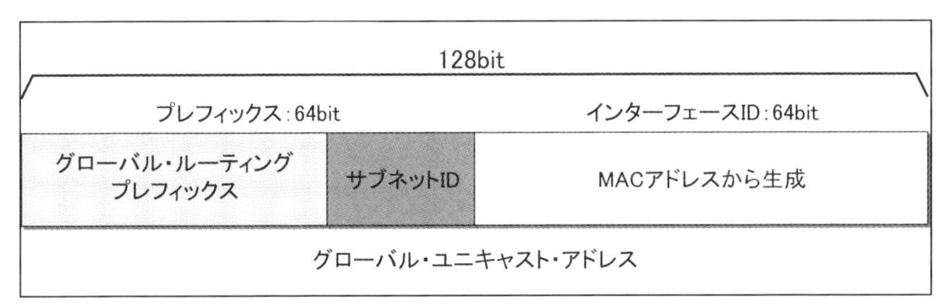

図2-2-8 グローバル・ユニキャスト・アドレス
「グローバル・ルーティング・プレフィックス」と「サブネットID」が用いられたIPアドレス。

■「IPv6」では機器に複数の「IPv6アドレス」が割り当てられる

一般に、「IPv6」対応のネットワーク機器には複数の「IPv6アドレス」が割り当てられます。

*

Windowsパソコンを例にすると、次の手順でネットワークアダプタに割り当てられている「IPv6アドレス」を調べられます。

[手順]

[1] [Windowsキー]+[S]を押して検索窓を開き、「cmd」と入力して「エンター」を押します。

[2] コマンドプロンプトが表示されるので「ipconfig」と入力して「エンター」を押します。

[3] パソコンのネットワーク情報が表示されます。

```
C:¥Users¥　　>ipconfig

Windows IP 構成


イーサネット アダプター イーサネット 2:

   接続固有の DNS サフィックス . . . . .: flets-west.jp
   IPv6 アドレス . . . . . . . . . . . .: 2001:　　　　　　　　　　　　　　:5921
   一時 IPv6 アドレス. . . . . . . . . .: 2001:　　　　　　　　　　　　　　f:aebd
   リンクローカル IPv6 アドレス. . . . .: fe80::　　　　　　5921%16
   IPv4 アドレス . . . . . . . . . . . .: 192.168.0.17
   サブネット マスク . . . . . . . . . .: 255.255.255.0
   デフォルト ゲートウェイ . . . . . . .: fe80::　　　　　　c0%16
                                          192.168.0.1
```

図2-2-9　IPv6アドレスの情報

ここに表示される情報のうち、「IPv6アドレス」に関連するものは次の3つです。

①IPv6 アドレス

「グローバル・ユニキャスト・アドレス」です。グローバルなので、インターネット側からこのアドレスにアクセスすることも可能です(ルータやファイアウォールの設定変更の必要があります)。

②一時 IPv6 アドレス

一定時間または機器の再起動ごとに変化する、「グローバル・ユニキャスト・アドレス」です。「匿名IPv6アドレス」とも呼ばれます。

上の「IPv6アドレス」との違いは、「後半64bit」の「インターフェイス

ID」部分で、「MACアドレス」からの生成ではなく、ランダム生成された「インターフェイスID」が付与されています。

実は、「MACアドレス」から生成する「インターフェイスID」を使っていると、「IPv6アドレス」が固定化されて機器の固有情報がバレたりプライバシー問題にもなってしまうことから、通常使用が非推奨となりました。

現在はインターネットへのアクセスに、本チャンの「IPv6アドレス」を使わず、定期的に変化する「一時IPv6アドレス」を用いることで、匿名性を高めるようにしています。

たとえば、インターネット上のサイトにアクセスした際、向こう側のアクセスログに残るのは、この「一時IPv6アドレス」になります。

③リンクローカル IPv6 アドレス

「fe80」から始まる「IPv6アドレス」は、「IPv6」対応機器が最初から必ずもっている「リンクローカルIPv6アドレス」です。同一リンク上でのみ有効な「プライベートIPアドレスに相当するもので、アドレス自動設定や近隣探索といったLAN内でのアクセスに用いられます。

■「IPv6」でインターネット回線の速度は変わらない

2022年現在、かなり誤解は解消されてきていると感じますが、「IPv6」が一般ユーザーに浸透し始めたころは、「IPv6を使えばインターネット回線が速くなる」といった噂を度々耳にすることがありました。

これは、因果関係が完全に逆転しており、NTT東西のフレッツ光/光コラボの特殊事情から生まれた噂になります。

＊

フレッツ光にはインターネットへの接続ルートとして、昔から使われている「PPPoE方式」と比較的新しい「IPoE方式」の2系統があります。

昔ながらの「PPPoE方式」は、プロバイダとの接続部「網終端装置」で大混雑が起きると回線速度が大幅に低下する問題がありました。
一方の「IPoE方式」は「網終端装置」を省いているので混雑が起きにくく、速度低下しにくいことが特徴です。

ただ、「IPoE方式」は基本的に「IPv6」専用のため、「IPoE方式」を利用したい場合は否応なく「IPv6」を利用しなければなりませんでした。
ここから、「IPv6にするとインターネット回線が速くなる」という誤解が生じたのです。

正確なところは、「フレッツ光利用者は「PPPoE方式」から「IPv6」専用の「IPoE方式」に乗り換えると速度低下が起こりにくいよ」となります。

*

余談ですが「IPv6」は従来の「IPv4」と互換性がないため、「IPv6」専用の「IPoE方式」に乗り換えた場合、アクセスできるのは「IPv6」に対応しているWebサイトやサービスのみに限られます。ところが「IPv6」対応にはコストがかかるため、サービス提供側の「IPv6」対応状況はまだまだ低いのが現状です。

これでは、「IPoE方式」利用者は殆どネットを利用できないも同然なのですが、現在は「IPv4 over IPv6」という技術を用いて、「IPoE方式」を利用しながらも従来の「IPv4」専用サイトへ接続できるようになっています。

「IPoE方式」の利用者が増えたのも、「IPv4 over IPv6」を提供するプロバイダが増えたからと言えるでしょう。

「IPv6」対応のWebサイトを調べる方法

インターネット上の「Webサイト」や「サービス」が、「IPv6」に対応しているかどうかは、パッと見では判別できません(むしろ気にする必要はないと言えるかもしれませんが……)。

そこで、「IPv6」対応を判別する手段の1つとして、Windowsの「nslookup」コマンドを紹介します。

[手順]

[1]Windowsでコマンドプロンプトを開く。
[2]「nslookup サイトドメイン名」と入力してエンターを押します。

「nslookup」はDNSがらみの問題解決に用いられるツールで、ドメイン名から「IPアドレス」を探れます。
ここで結果に「IPv6アドレス」が帰ってくれば、「IPv6」対応の可能性が高いです。

```
C:¥Users¥     >nslookup google.com
サーバー:  aterm.me
Address:  2001:                    f2c0

権限のない回答:
名前:    google.com
Addresses:  2404:6800:400a:805::200e
          172.217.25.174
```

図2-2-10 google.comの検証結果
IPv6アドレスが帰ってきた

```
C:¥Users¥    >nslookup yahoo.co.jp
サーバー:  aterm.me
Address:  2001:                              :f2c0

権限のない回答:
名前:    yahoo.co.jp
Addresses:  182.22.28.252
          182.22.25.252
          182.22.16.251
          183.79.217.124
          183.79.250.251
          183.79.219.252
          182.22.25.124
          183.79.250.123
```

図2-2-11　yahoo.co.jpの検証結果
「IPv6アドレス」は帰ってこなかった。

2-3 ルータの役割

「LAN」と「インターネット」の橋渡し

■ 同一セグメント内でしか通信できないLAN

これまでにも触れてきましたが、「TCP/IP」ネットワークで構築したLAN内のコンピュータやネットワーク機器は、明示的に同一セグメントと設定された端末同士でしか通信できません。

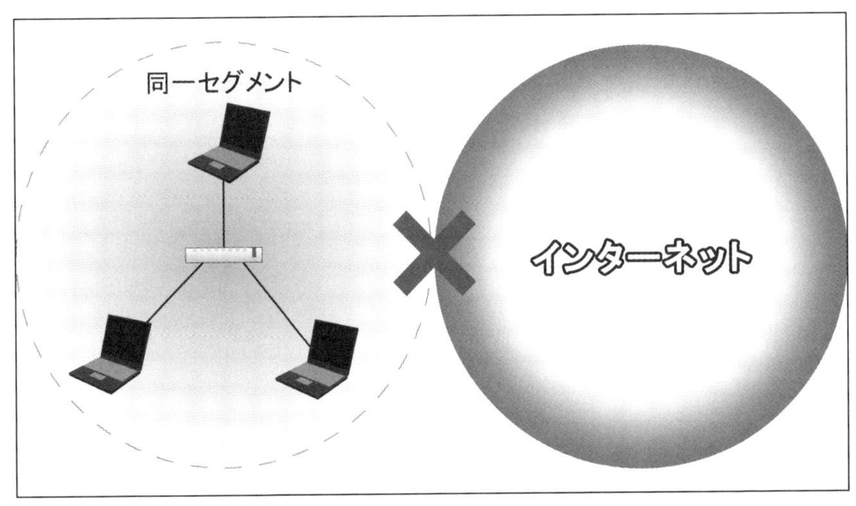

図2-3-1　「TCP/IP」のネットワークでは、
セグメントの外側と通信することができない。

では、LAN内のコンピュータはどうやったら外部のネットワーク、つまりはインターネットにアクセスすることができるのでしょうか。

その役割を担うのが、「ルータ」です。

■「LAN」と「インターネット」をつなぐ「ルータ」

「TCP/IP」ネットワークにおいて、「ルータ」は異なるネットワーク同士をつなぐ役割をもつネットワーク機器です。

それは、「LAN」と「インターネット」をつなぐという役割も含まれています。

＊

「ルータ」の役割として、流れてきたパケットを、宛先に近いほうへ送り出すルーティングがあると、これまでにも解説してきました。

これはLANでも同様で、流れてきたパケットの宛先がLAN外のインターネットを指すものであれば、「ルータ」はパケットをインターネット側へとルーティングします。

本来であれば、同一セグメント内でしか通信できないLAN内の機器も、「ルータ」という窓口があれば、外部のインターネットと通信できるようになるのです。

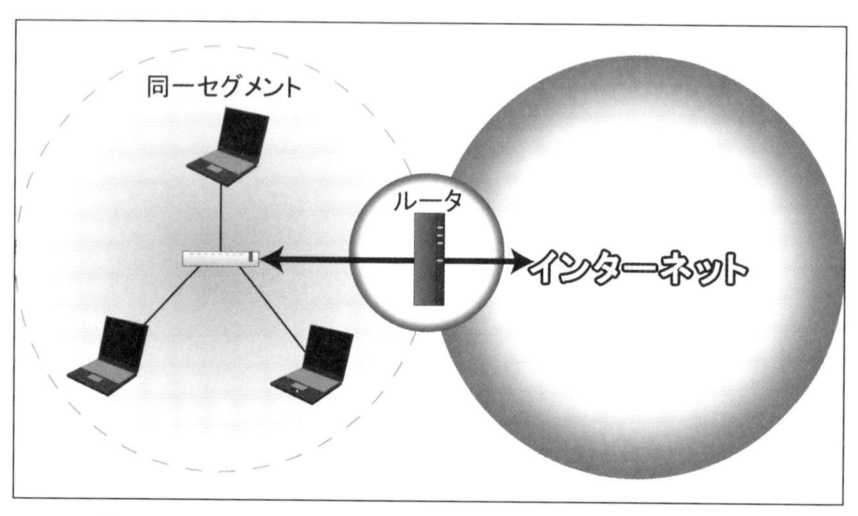

図2-3-2　同一セグメントの殻に、窓を開けて外部と接続するのが「ルータ」の役割

複数の端末をインターネットへ

■「グローバルIPアドレス」でなければインターネットにはアクセスできない

さて、「LAN」に「ルータ」を追加すれば、ルータが窓口となってLAN内のコンピュータからインターネットへアクセスできるようになるのですが、通常LAN内のコンピュータには、「プライベートIPアドレス」が割り当てられています。

先で説明したように、インターネットにアクセスするには「グローバルIPアドレス」が割り当てられている必要があるので、そのままではインターネットにはつながりません。

そこで用いられるのが、「ルータ」がもつ「NAT」(Network Address Translation)という技術です。

*

「NAT」は、「IPアドレス」を変換する技術で、主に「プライベートIPアドレス」と「グローバルIPアドレス」の1対1変換を行ないます。

「NAT」を使い、LAN内コンピュータから送信された「IPパケット」の「送信元IPアドレス」を、ルータがもつ「グローバルIPアドレス」に書き換えることで、LAN内のパケットをインターネット上のサーバへ流せるようになります。

次に、インターネット上のサーバから返信が帰ってきたら、その「IPパケット」の「宛先IPアドレス」を、LAN内コンピュータの「プライベートIPアドレス」に書き換えることで、インターネットからLAN内コンピュータに返信が届くといった仕組みです。

■「IPアドレス」と「ポート番号」を変換する「NAPT」

「NAT」は、基本的に「IPアドレス」を1対1で変換するものです。

したがって、たとえばLAN内にコンピュータが複数あり、それぞれがインターネットにアクセスしたい場合は、ルータは台数分のグローバルIPアドレスをあらかじめもっておく必要があります。

「IPv4アドレス」の枯渇が叫ばれる昨今、このようなことに「グローバルIPアドレス」を余計に消費するわけにはいきません。

そこで、私たちが普段利用しているルータは、「NAPT」(Network Address Port Translation)という技術を用い、1つの「グローバルIPアドレス」でLAN内すべてのコンピュータがインターネットにアクセスできるようにしています。「NAPT」は、別名「IPマスカレード」とも呼ばれます。

どうやって複数台のLAN内コンピュータからのアクセスを、たった1つの「グローバルIPアドレス」への変換で賄っているのでしょうか。

その秘密は「NAPT」の名前にもあるように、「ポート番号」も「IPアドレス」と一緒に変換しているという点にあります。

「TCP/IP」のIPパケットには、「送信元IPアドレス」「送信元ポート番号」「宛先IPアドレス」「宛先ポート番号」が記されており、この中で「送信元ポート番号」は空いている「ポート番号」を受信用として適当に割り当てています。

この「送信元ポート番号」が自由に設定できるポート番号であることを利用して、LAN内のどのコンピュータから送られたパケットなのか、紐づけに利用します。

インターネット上のサーバから返信パケットが返ってきた際には、返信パケットに記された「宛先ポート番号」から、紐付けしておいたLAN内コンピュータの「プライベートIPアドレス」と「ポート番号」を引き出して書き換えます。

　それによって、サーバからの返信パケットを、しっかりと目的のコンピュータに届けることができるのです。

　この「NAPT」のおかげで、1つの「グローバルIPアドレス」でたくさんの端末をインターネットにつなぐことができます。

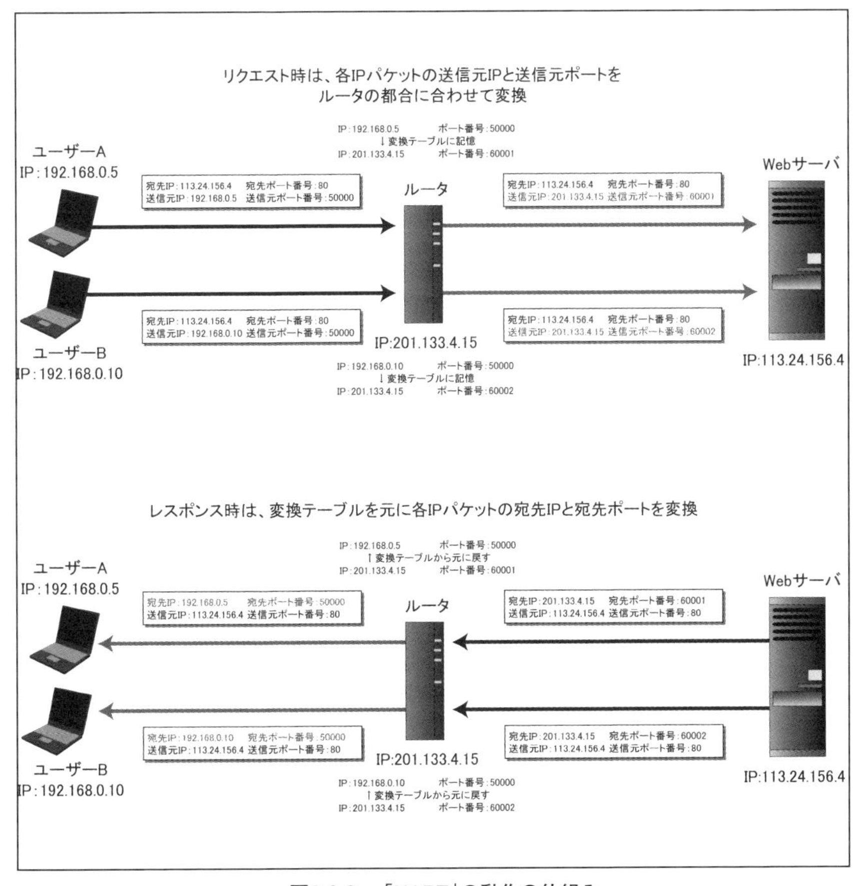

図2-3-3　「NAPT」の動作の仕組み

モバイル通信はプライベートIPアドレス？

「NAPT」技術は「LAN」と「インターネット」の接続だけでなく、もっと大きなネットワークでも用いられています。

たとえば、スマホのモバイル通信では、キャリアから割り当てられる「IPアドレス」は、「プライベートIPアドレス」なのが一般的で、スマホからインターネットへのアクセスは、「NAPT」技術を介して行なわれています。

逆に、スマホ1台1台に「グローバルIPアドレス」を割り当てると、インターネット上からの無駄なアクセスが増えて、バッテリ消費が激しくなる問題になったこともあります。

「ルータ」がLAN内PCのネットワークを統括する

■ DHCPサーバ

ルータがもつ重要な機能の1つが、「DHCPサーバ」です。

「DHCP」(Dynamic Host Configuration Protocol)は、ネットワーク管理プロトコルの１つで、「IPアドレス」などの設定情報をネットワーク機器に動的に割り当てる仕組みを提供します。

たとえば、コンピュータがLAN内のネットワークに参加したり、外部のインターネットに接続したりできるようにするためには、コンピュータ自身が次の情報をもつ必要があります。

- ●IPアドレス……ネットワーク上の住所
- ●サブネットマスク……ネットワークセグメントを設定する数値
- ●デフォルトゲートウェイ……セグメント外へのアクセスを任せる窓口
- ●DNSサーバ……ドメイン名→IPアドレスの問い合わせ先

これらの設定は、ユーザーが手動で入力することもできますが、自動取得にしておくとネットワーク経由で動的に割り当てられます。それが「DHCPサーバ」の役割です。多くの場合ルータにその機能が備わっています。

何も設定していないパソコンに、LANケーブルを挿すだけでネットにつながるのは、「DHCPサーバ」が上手く機能しているからです。

なお、「DHCPサーバ」から割り当てられる「IPアドレス」は「動的IPアドレス」と言って、割り当てられるたびに変動するのが一般的です。

ただし、Windowsなどでは実装方法を工夫して、再起動後も極力同じ「IPアドレス」を割り当ててもらえるようにしています。

Windowsパソコンで「IPアドレス」が変化するのは、パソコンの電源を落としてから「DHCPサーバ」に設定されているリース時間以上の時間を空けたのち、次にパソコンの電源を入れたタイミングで以前使っていたIPアドレスが他の機器で丁度使用されていたときくらいになります。

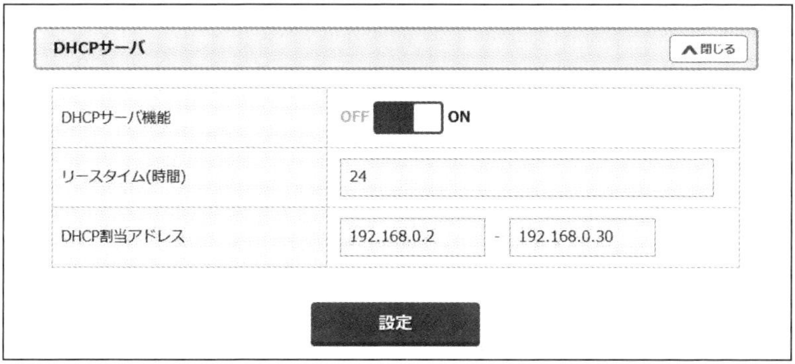

DHCPサーバ　　閉じる

DHCPサーバ機能	OFF ON
リースタイム(時間)	24
DHCP割当アドレス	192.168.0.2 - 192.168.0.30

設定

図2-3-4　「DHCPサーバ」のリース時間などは、ルータの設定画面で確認変更ができる

■ ファイアウォール

ルータは、外部インターネットからLAN内コンピュータへの不正アクセスを遮断するファイアウォールの役割ももっています。

ルータの設定画面から、「パケットフィルタ」といった名前の設定画面を開くと、ルータ上で弾かれる通信の一覧を確認できます。

Windowsの「ファイル共有機能」など、本来インターネット上からアクセスがあるはずがない通信は、ここの設定により遮断されるようになっています。

図2-3-5　プライベートな通信は、ルータを通らないようにデフォルトで設定されているのが一般的

■ ポート開放

インターネットからの特定のアクセス（特定ポート番号に向けた通信）をLAN内の指定のコンピュータへ回す機能を、「ポート開放」と言います。

「ポート・マッピング」「ポート・フォワーディング」「静的IPマスカレード」とさまざまな呼び方があり、ルータの設定画面から設定します。

一般的なインターネットの使い方であれば、「ポート開放」の設定をいじることはまずありません。
サーバの設置や特定のゲームでネット対戦をする場合、ネットワークカメラをインターネット経由で見たいときなどに、「ポート開放」を設定します。

「ポート開放」は、一歩間違えるとインターネットからの不正アクセスを招く結果にもなるので、「ポート開放」するかどうかは、慎重に検討する必要があります。

2-4　有線LAN規格

有線LAN規格を再確認

■ 安定した「通信速度」と「低遅延」が魅力

「無線LAN」が大幅に進化し、一見するとそこいらの「有線LAN」を一蹴するようなスペックを持つものが登場してきました。たしかにスマホやタブレットなどのモバイル機器の普及率を考えると、現在の主役は無線LANかもしれません。

しかし、昨今は「最大2.5Gbps/5Gbps/10Gbps」といった超高速光インターネットが登場し、その速度を活かす受け皿として、有線LANの注目度が上がってきています。

また、「ゲーミングPC」の台頭で、無線LANより安定していて、遅延が少なく、対戦を有利に進められるとして、積極的に有線LANを導入しようと考えるユーザーも増えてきました。

やはり「安定した通信速度」と「低遅延」は「有線LAN」の大きな魅力です。

「ここぞ」というときに頼りになる「有線LAN」。
ここでは、そんな有線LAN規格など、あらためて再確認していきましょう。

■ Ethernet規格

「有線LAN」は、正しくは「Ethernet規格」と呼ばれ、通信速度ごとに規格が策定されています。主
なEthernet規格を次表にまとめました。

表2-2　主なEthernet規格

規格名	通信速度	対応ケーブル
100BASE-TX	100Mbps	CAT5
1000BASE-T	1Gbps	CAT5
2.5GBASE-T	2.5Gbps	CAT5e
5GBASE-T	5Gbps	CAT6
10GBASE-T	10Gbps	CAT6A/CAT7
25GBASE-T	25Gbps	CAT8
40GBASE-T	40Gbps	CAT8

現在主流のEthernet規格は「1000BASE-T」です。

対応機器の価格もリーズナブルで、「最大1Gbps」のインターネット回線とも相性が良いため、“とりあえずこれで文句なし”と考えるユーザーが大半だと思われます。

「10Gbps」の通信速度をもつ「10GBASE-T」は、高速な「NAS」(Netwo

rk Attached Storage）を使うなど、LAN内での通信速度を極めたいユーザーに人気を集めるほか、近年は「最大10Gbps」のインターネット回線が登場したため、“そろそろ10Gbpsに手を出すか”というヘビーネットユーザーもこれから増えていきそうです。

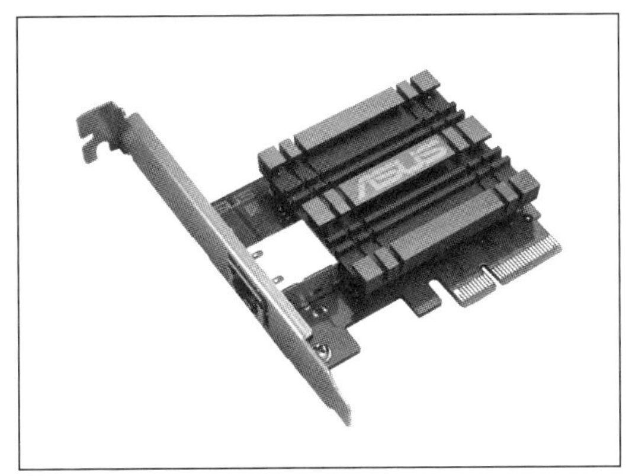

図2-4-1 「XG-C100C V2」（ASUS）
「10GBASE-T」対応のネットワークアダプタ。市場価格は1万円台半ばで、
「10GBASE-T」が高嶺の花だったのは昔のことになりつつある

「2.5GBASE-T」および「5GBASE-T」は、「マルチギガビット・イーサ」と呼ばれ、規格策定が2016年と比較的新しいEthernet規格です。

「10GBASE-T」の技術をデチューンし、コストを抑えた高速ネットワーク構築を目的として策定されました。

特に「2.5GBASE-T」は「CAT5eケーブル」を使える点もポイントが高く、「1000BASE-T」からのアップグレード先として注目されます。

「2.5GBASE-T」のLANを標準搭載するパソコンも増え、対応機器の価格もリーズナブルになってきたので、今後主流になり得るEthernet規格と言えるかもしれません。

図2-4-2　「TUF GAMING B660M-PLUS D4」(ASUS)
現在は「2.5GBASE-T」のLANポートを備えるマザーボードが主流。

一方で「25GBASE-T」や「40GBASE-T」の高速Ethernet規格は、規格の策定自体は行なわれたものの、2022年現在対応機器が登場していません。

規格名の「T」はツイストペアケーブル

それぞれの規格名末尾に付いている「T」は、信号線に「ツイストペアケーブル」(撚り対線)を使うことを意味しています。

つまり、「電気信号で通信を行なう規格」いうことです。

それが要因なのか「25GBASE-T」や「40GBASE-T」は消費電力と発熱を抑えるのが困難で、製品登場が遅れているという噂も耳にします。

他のEthernet規格には、光ファイバを用いたものもあり、そちらでは「400Gbps」に対応した規格も登場しています。

■ LANケーブル規格

基本的にLANケーブルは、使用するネットワーク機器の通信速度（Ethernet規格）に対応する規格以上のカテゴリのものを選ぶ必要があります。

主なLANケーブルの規格を、**表2-3**にまとめています。

表2-3 LANケーブル規格

規格名	最大通信速度	コネクタ	ケーブル
CAT5	1Gbps	RJ-45	UTP
CAT5e	2.5Gbps	RJ-45	UTP
CAT6	5Gbps	RJ-45	UTP
CAT6A	10Gbps	RJ-45	UTP
CAT7	10Gbps	ARJ45/GG45/TERA	STP
CAT7A	10Gbps	ARJ45/GG45/TERA	STP
CAT8	40Gbps	ARJ45/GG45/TERA	STP

注目する点として、1つはケーブルのシールドの有無が挙げられます。

「CAT6A」まではシールドなしの「UTP」（Unshielded Twist Pair）を用いますが、「CAT7」以上では、ノイズに強いシールド有りの「STP」（Shielded Twist Pair）が用いられます。

シールドの有無でコネクタにも変更が入り、「STP」を用いる「CAT7」以上は、アース接続の機能をもつ「ARJ45」「GG45」「TERA」というコネクタを使います。

「ARJ45」と「GG45」は、従来の「RJ-45」と形状互換ですが、「TERA」だけは、形状もまったくことなるコネクタです。

オススメLANケーブルは「CAT6A」

これからLANケーブルを新たに敷設する場合、オススメは「CAT6A」のLANケーブルです。「最大10Gbps」の通信速度に対応し、価格もリーズナブルなのが高ポイントです。

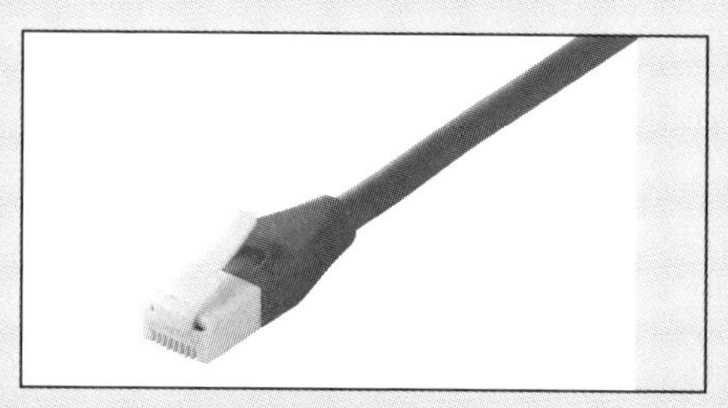

図2-4-3　「BSLS6ANU100BL」(バッファロー)
「10m」で市場価格約1,000円とリーズナブルな「CAT6A」のLANケーブル。

現在の「CAT7」「CAT8」は規格に準拠していない?

先でも触れたように、Ethernet規格の「25GBASE-T」「40GBASE-T」は、対応機器の出てくる気配がまだありません。

しかし、ケーブルだけは「CAT7」「CAT8」といった、上位カテゴリのものがすでに販売されています。

これらの現在販売されている「CAT7」「CAT8」ケーブルの多くは、ケーブルの品質は規格を満たすものの、コネクタに従来の「RJ-45」を使っていて、規格要件である「ARJ45」「GG45」「TERA」の仕様を満たしていません。

もし将来、「25GBASE-T」「40GBASE-T」対応機器が出てきたとしても、現在の「CAT8」ケーブルでしっかり通信速度を出せるかは未知数です。

もし、将来への先行投資としてちょっと高価だけれど「CAT8」ケーブルを敷設しておこうと考えている場合は、ちょっと思いとどまったほうが良いかもしれません。

現在販売されている「CAT7」「CAT8」ケーブルは、少し品質の高い「CAT6A」ケーブルと考えるくらいがちょうど良いと思います。

「ストレートケーブル」と「クロスケーブル」

「LANケーブル」には普通に使う「ストレートケーブル」と、ハブを使用せずにコンピュータ同士を直結するのに使う「クロスケーブル」があります。

これらのケーブルは、コネクタ部のピンアサインが違うものになります。

以前は、これらのケーブルを間違えて使うとネットワークはつながらない上に、ケーブル自体の見分けが難しいというやっかいな問題を抱えていました。

しかし現在は、ネットワーク機器側にLANケーブル自動判別機能「Auto MDI/MDI-X」が備わり、必要に応じて内部配線を切り替えてくれるので、気にする必要がなくなったほか、コンピュータ同士の直結もストレートケーブルでOKになっています。

スイッチング・ハブの選び方

■いろいろなスイッチング・ハブ

有線LANを構築する上で、機器接続の中継点となる「スイッチング・ハブ」は、かなり重要な機器の1つです。

対応するEthernet規格やLANポート数、価格などなど、機器選択時にはいろいろと迷うことが多かったりもします。

＊

現在、家庭向けとして導入可能な「スイッチング・ハブ」を、大まかに種類分けしてみましょう。

①「1000BASE-T」対応スイッチング・ハブ

現在最も広く利用されている「スイッチング・ハブ」です。枯れている技術なので安定性も高く、価格も安価です。どんな機種を導入しても、大きな失敗はあまりないでしょう。

LANポート数や底面マグネット、ACアダプタの有無などの設置運用方法に気を付けて選ぶといいと思います。

②「2.5GBASE-T」対応スイッチング・ハブ

より高速な「2.5GBASE-T」に対応したスイッチング・ハブは、対応するネットワーク機器の増加とともに、量産効果が表れてきたのか価格もリーズナブルになってきました。とは言え選択肢はまだまだ少ないので、売れ筋や口コミの良い機器を選択するのが無難かもしれません。

③一部ポート「10GBASE-T」対応スイッチング・ハブ

全LANポートのうち「2～4ポート分」だけ「10GBASE-T」に対応します。

「メインPC+高速NAS」のペアだけ、「10Gbps」でつなげばOKといった運用に適しています。

④全ポート「10GBASE-T」対応スイッチング・ハブ

かなり高価ですが、全ポートで「10GBASE-T」を利用できます。

「最大10Gbps」の高速インターネット回線を利用し、高速NASを多数所持しているなどのヘビーユーザー向けです。

＊

以上に挙げた例は、下に向かうほど高性能かつ高価な「スイッチング・ハブ」ということになります。ただ、「高速スイッチング・ハブ」は、発熱などでトラブルの発生する可能性も高くなるので、予算があるからと無暗に「高速スイッチング・ハブ」を導入するのはあまりオススメできません。

年月を経るごとに安定性が増して、価格もリーズナブルな製品が増えていくので、“将来を見越して……”と高性能なスイッチング・ハブを選ぶのではなく、現在のLAN環境に必要な速度の「スイッチング・ハブ」を選ぶのがポイントです。

「カスケード接続」で「1ポート使う」ことを忘れないで！

「スイッチング・ハブ」を設置する際、通常は「ルータ」(ホーム―ゲートウェイ)と「スイッチング・ハブ」をLAN接続し、そこから複数のパソコンなどへLAN接続していくことになると思います。

この、「ルータ」(に内蔵の「スイッチング・ハブ」)と「スイッチング・ハブをつないで、ハブの段数を増やすことを「カスケード接続」と言います。

カスケード接続のために、「スイッチング・ハブ」のLANポートが1つ埋まるので、接続できる機器の数は「ハブのLANポート数-1」になることを忘れないようにしましょう。

■スイッチング・ハブの仕様

対応する「Ethernet規格」や「LANポート数」以外で、「スイッチング・ハブ」の気になる仕様としては、次が挙げられます。

●「PoE」対応

「PoE」(Power over Ethernet)は、LANケーブルを介して電力を供給する仕組みです。

ネットワーク接続の監視カメラなどで利用されます。LANケーブルを接続するだけで監視カメラの電源を確保できるので便利です。

●スイッチング・ファブリック

スイッチング・ハブ全体での最大データ通信速度を示すスペックで単位は「bps」。「スイッチング容量」とも呼ばれます。

[対応Ethernet規格の最大通信速度]×2(送受信分)×[LANポート数]

……を超えるスイッチング・ファブリック性能を有していれば大丈夫です。

たとえば、「1000BASE-T」の「8ポート」の場合、

1Gbps × 2 × 8 = 16Gbps

……といった具合です。

たいていのスイッチング・ハブは問題ないはずです。

ただ、これらのスペックは、家庭内LANで使う分にはあまり気にする必要がない部分でもあるので、頭の片隅にでも覚えておいてもらえたらと思います。

2-5 無線LAN規格

無線LAN規格を再確認

■ 家庭内LANの主役とも言える無線LAN

スマホやタブレットをはじめ、ノートPCやゲーム機、スマートスピーカーやスマートテレビ、各種ストリーミングデバイスなどなど、ネットワーク接続に「無線LAN」を用いる機器が年々増えてきています。

この一面からも、「家庭内LAN」の主役は「無線LAN」と言って間違いないでしょう。

*

ここでは、そんな「無線LANの規格」について再確認していきます。

■ 「Wi-Fi」について

「無線LAN」のことを「Wi-Fi」とも呼びますが、そもそも「Wi-Fi」と「無線LAN」にはどのような関係があるのでしょうか。

「無線LAN＝Wi-Fi」という考えで良いのでしょうか。

そこから確認していきましょう。

*

まず「Wi-Fi」とは、ひとことで言えば、「無線LAN」の総合的な“ブランド名”です。

無線LANは規格名として「IEEE802.11a/b/g/n/ac/ax」とも呼ばれていますが、このようなIEEEの規格名は正直なところ“ややこしい”“覚えにくい”“なにが違うの”と、コンピュータ関連に明るくない人たちにとってはウケが悪いと言わざるを得ません。

そこで、このようなややこしい規格名をオブラートに包み、“とりあえず「Wi-Fi」であれば無線でネットワークにつながる”ということを広く覚えてもらおうと、マーケティング的な意味も込めて、「Wi-Fi」という言葉が前面に押し出されてきました。

近年さらにその傾向は強まり、覚えにくい規格名「IEEE802.11xx」に代わって規格の世代を表わす「Wi-Fi ○」が使われるようになりました。

「Wi-Fi ○」が定められた2019年当時、「IEEE802.11a/b/g」はすでにあまり使われていなかったため、「IEEE802.11n/ac/ax」のみに「Wi-Fi 4/5/6」と名付けられています。

現在は、新たに「Wi-Fi 6E」が追加され、2024年以降には最新規格の「Wi-Fi 7」が登場する予定となっています。

■ 歴代規格の特徴

「無線LAN」の規格である「IEEE802.11」の歴代規格の特徴を見比べてみましょう。

世代が進むにつれて、どういった部分が進化していったか分かると思います。

①IEEE802.11b

最初に普及した規格。モバイルPCや携帯ゲーム機の利便性が大幅向上しました。

②IEEE802.11a

電波干渉の少ない「5GHz帯」に対応し、OFDM変調を採用することで「54Mbps」まで高速化。

③IEEE802.11g

「IEEE802.11a」と同様の技術を、「2.4GHz帯」で使えるように適応。

④IEEE802.11n（Wi-Fi 4）

通信ストリームを増やす「MIMO」と、使用帯域幅を増やす「チャネル・ボンディング」に対応し、「最大600Mbps」と大幅増速しています。

⑤IEEE802.11ac（Wi-Fi 5）

「MIMO」と「チャネル・ボンディング」をさらに拡大、「256QAM変調」と併せて「最大6.9Gbps」と、大幅ギガ越えを達成しています。

複数端末同時通信可能な、「MU-MIMO」にも対応しました。

⑥IEEE802.11ax（Wi-Fi 6）

「1024QAM」変調で高速化、通信速度は「最大9.6Gbps」へ。「OFDMA」や「MU-MIMO」拡張などで混雑時の安定性が向上。「2.4/5GHz帯」両対応となりさまざまなシチュエーションに対応できるようになりました。

⑦IEEE802.11ax（Wi-Fi 6E）

使用周波数帯に「6GHz帯」が追加され、干渉を受けにくい高速無線LAN通信が可能となりました。その他のスペックは「Wi-Fi 6」とほぼ同じです。

表2-4　歴代無線LAN規格一覧

規格名	IEEE802.11b	IEEE802.11a	IEEE802.11g	IEEE802.11n
Wi-Fi名称	-	-	-	WI-Fi 4
使用周波数帯域	2.4GHz帯	5GHz帯	2.4GHz帯	2.4GHz帯/5GHz帯
変調方式	DSSS/CCK	OFDM 64QAM	OFDM 64QAM	OFDM 64QAM
最大ストリーム数	1	1	1	4
チャネル・ボンディング	-	-	-	40MHz
複数同時接続	-	-	-	-
最大通信速度	11Mbps	54Mbps	54Mbps	600Mbps

規格名	IEEE802.11ac	IEEE802.11ax	IEEE802.11ax
Wi-Fi名称	Wi-Fi 5	Wi-Fi 6	Wi-Fi 6E
使用周波数帯域	5GHz帯	2.4GHz帯/5GHz帯	2.4GHz帯/5GHz帯/6GHz帯
変調方式	OFDM 256 QAM	OFDM 1024 QAM	OFDM 1024 QAM
最大ストリーム数	8	8	8
チャネル・ボンディング	40/80/80+80/160MHz	40/80/80+80/160MHz	40/80/80+80/160MHz
複数同時接続	MU-MIMO MU-MIMO/OFDMA	MU-MIMO/OFDMA	
最大通信速度	6.9Gbps	9.6Gbps	9.6Gbps

無線LANで使う「電波」について

■「公共の財産」とも呼ばれる電波

電波は四方八方に飛んでしまうため、混信を防ぐために皆でルールを守って共有する必要がある、有限の資源と言われています。

そのため電波は国の電波法により厳しく管理され、電波を使用するには国からの免許が必要となります。

無免許でみだりに電波を発信することは、電波法違反のれっきとした犯罪行為になってしまうのです。

電波によって通信を行なう「無線LAN」も当然電波法による規制を受け、好き勝手な電波周波数帯を使えるわけはありません。

各国の電波周波数帯の使用状況に伺いを立てながら、現在の仕様が決められました。

*

日本国内の電波周波数帯の使用状況を見てみても、かなりカツカツな状態で、その間を縫うように「無線LAN」に電波が割り当てられています。

それが、次の3つの周波数帯です。

●2.4GHz帯（2,402MHz ～2,494MHz）
……「IEEE802.11/b/g/n/ax」で使用

●5GHz帯（5,150MHz ～5,350MHz、5,470MHz ～5,725MHz）
……「IEEE802.11a/n/ac/ax」で使用

●6GHz帯（5,925MHz ～6,425MHz）
……「IEEE802.11ax」（Wi-Fi 6E）で使用

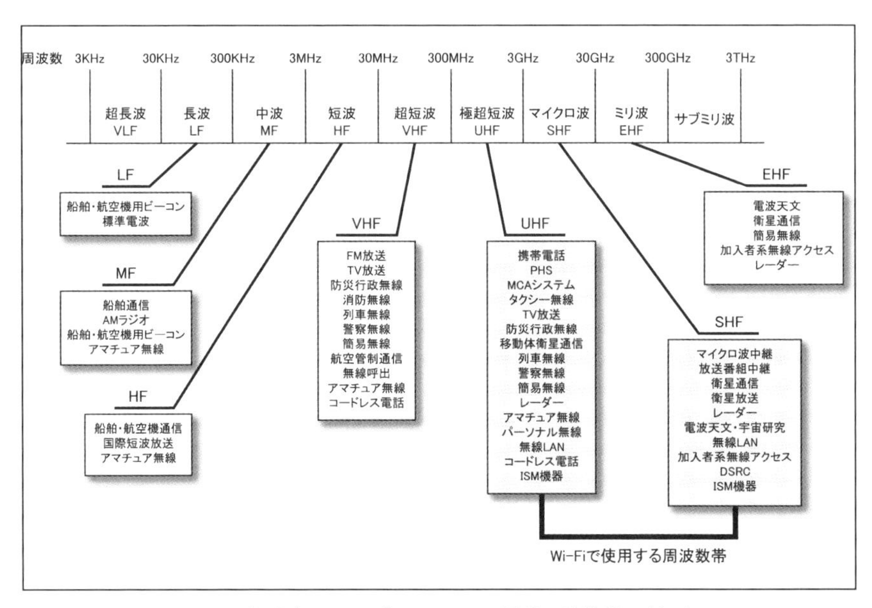

図2-5-2　総務省によって定められている電波周波数帯の割り当て

基本的に無線による通信は、通信に使用する周波数の幅（周波数帯域幅）が広ければ広いほど電波に大量のデータを乗せることができ、通信速度を上げることができます。

上記の各周波数帯を見比べると、「2.4GHz帯」は「92MHz幅」、「5GHz帯」は「455MHz幅」、「6GHz帯」は連続で「500MHz幅」といった周波数帯域幅が確保されています。これだけで通信速度の優劣が分かりますね。

■ 各周波数帯の特徴　【①2.4GHz帯】

次に、無線LANで使う各周波数帯の特徴を見ていきましょう。

まずは「2.4GHz帯」の特徴から。

*

無線LANが「2.4GHz帯」を使用周波数帯に採用したのは、この周波数帯が全世界的に「ISMバンド」として開放されていたからです。

「ISMバンド」とは、産業科学医療向けに開放されている周波数帯で、「この周波数帯であれば、多少ノイズを撒き散らしてもかまわないですよ」と定められた周波数帯です。

つまり、本来通信用に適した周波数帯ではないのですが、免許不要で電波の発信が行なえることから、「無線LAN」で採用されました。

ただ、"電波の無法地帯"とも呼べる「ISMバンド」は、「無線LAN」以外のさまざまな無線通信規格にも用いられているほか、「電子レンジ」から出るノイズにも被るなど、ノイズ要因がとても多い周波数帯です。

やはり、無線通信を行なうには、劣悪な状態と言えます。

*

一方、大きなメリットとして「2.4GHz帯」は「5GHz帯」や「6GHz帯」と比較して障害物に強く、電波到達距離が長いという特徴があります。

しかし、逆に考えると、それだけ別の「無線LAN」とも干渉しやすいということでもあるのですが……。

*

なお、「無線LAN」では通信に使うチャネル1つ分の基準を「20MHz幅」としています。

「2.4GHz帯」では「20MHz幅」のチャネルを「5MHz間隔」で被らせながら全14chに分けており、干渉前提でカツカツに詰め込んでいるのが分かります。

「2.4GHz帯」の電波状況の劣悪さを感じさせます。

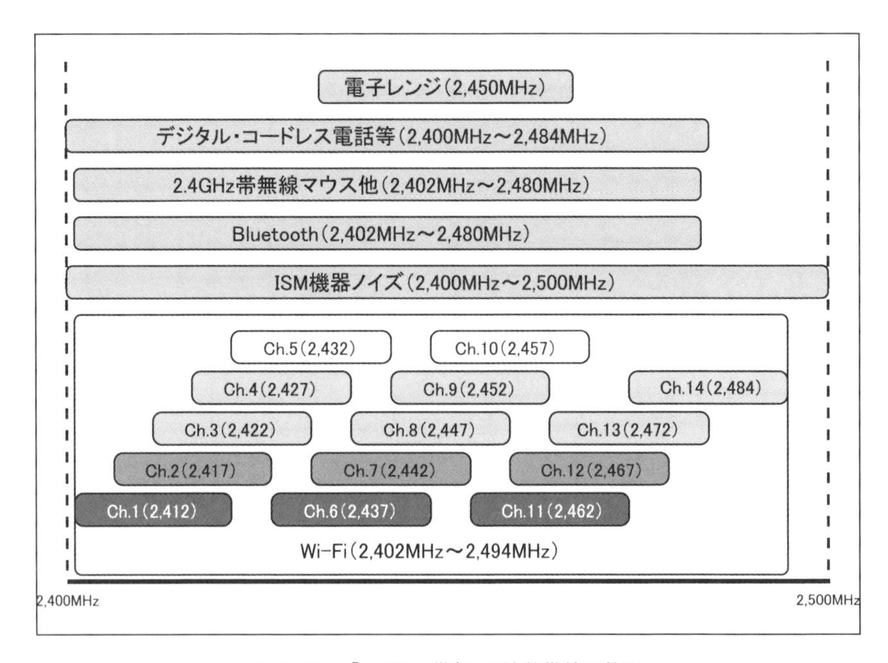

図2-5-3　「2.4GHz帯」の周波数帯使用状況
他の要因もいろいろと干渉しているのが分かる。

■ 各周波数帯の特徴　[②5GHz帯]

「5GHz帯」は無線LANのために開放してもらったような周波数帯であり、他の無線通信との干渉の心配がほとんどないのが大きな特徴です。

無線LANでは、「5GHz帯」を「W52/W53/W56」という3つのグループに分け、それぞれを次のようにチャンネル分けして使っています。

- W52 ……5,150MHz ～5,250MHz を4ch に区分け
- W53 ……5,250MHz ～5,350MHz を4ch に区分け（屋内利用に限る）
- W56 ……5,470MHz ～5,725MHz を11ch に区分け

電波干渉の少ない「5GHz帯」ですが、唯一の問題として国内では各種レーダーの用いる周波数帯が重なっています。

レーダー電波をキャッチしたら、自動的に使用チャネルを変更する仕組みなどが備えられています。

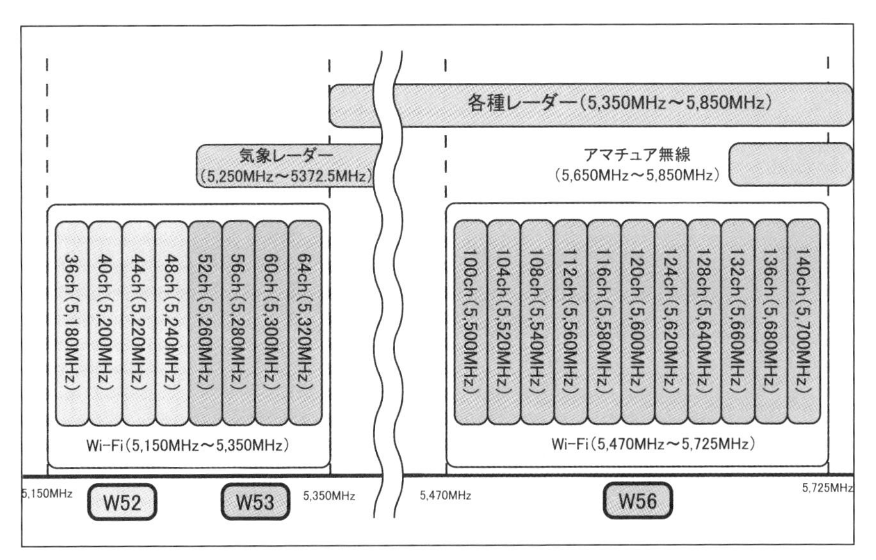

図2-5-4 「5GHz帯」の周波数帯使用状況
「2.4GHz帯」よりは大分マシで、チャネルも多く確保できる

レーダー電波を受信すると1分間停止する

レーダー電波との干渉が考えられる「W53/W56」のチャネルは、レーダー電波の干渉がないかチェックするために、起動後1分間は電波を止めてスキャンに専念します。

そして、もし利用中にレーダー電波を受信した場合は、自動的に使用チャネルの変更を行ない、再び1分間レーダー電波のスキャンを行ないます。

運悪く変更後のチャネルでさらにレーダー電波を受信してしまったら、チャネルを変更してまた1分間スキャン……といった動作を繰り返します。

*

そういった状況で無線LANの調子が悪いと勘違いしてしまい、無線アクセスポイントの電源を入れ直したりすると、また1分間の待ち時間が発生してしまう事態にもなり得ます。
「5GHz帯」を利用するときは、つながらなくても焦らず、1分間は待つようにしましょう。

また、レーダー干渉の多い地域では、干渉のない「W52」のみでの運用もオススメです。

「W52」のみ対応の機器に注意

無線LANの「5GHz帯」に対応する機器の中には、「W52」の周波数帯にしか対応しないものが多くあります。
代表例としては「Fire TV Stick」などのAmazon製品が挙げられます。
これらの機器を接続する場合は、無線アクセスポイントの設定で、「W52」のみを使うように指定しなければなりません。

■ 各周波数帯の特徴　【③6GHz帯】

「6GHz帯」は正真正銘、無線LANのために解放された周波数帯で、他からの電波干渉を一切除外できるのが最大の特徴です。
国内では2022年9月より利用可能となりました。

周波数帯域幅は「5,925MHz ～6,425MHz」の「500MHz幅」で、「20MHz幅」のチャネルを「全24ch」利用可能になっています。

ただ、もともと「Wi-Fi 6E」における「6GHz帯」は「5,925MHz ～7,125MHz」の「1,200MHz幅」を想定していたのですが、ヨーロッパ諸国や一部アフリカ、中東諸国では前半の「500MHz幅」から運用を開始し、残り「700MHz幅」については今後検討するというスタンスとなっていました。
日本もそちら側の動きについて、同じく前半「500MHz幅」のみで運用を開始することになりました。

後半「700MHz幅」については、モバイル通信に利用したいという思惑もあり、今後どうなるかは不透明です。

一方で、アメリカや韓国はモバイル通信に使う思惑はないようで、最初から「1,200MHz幅」を「Wi-Fi 6E」用に割り当てています。

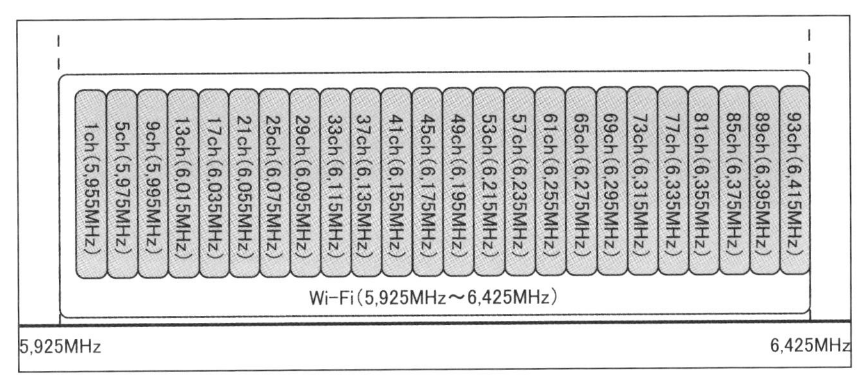

図2-5-5　「6GHz帯」の周波数帯使用状況
とても多くのチャネルを確保できる。

「メッシュ Wi-Fi」が、より重要に

「6GHz帯」は、これまで以上に安定した高速無線通信を実現しますが、周波数が上がったことで、障害物に弱くなり、電波の到達距離は確実に狭くなります。

家中どこでも快適に「無線LAN」を使いたい場合は「メッシュ Wi-Fi」などのエリア拡充技術がより重要になりそうです。

■ 各周波数帯の特徴まとめ

「2.4GHz帯」「5GHz帯」「6GHz帯」の特徴をまとめると次のようになります。

表2-5　それぞれの周波数帯の特徴まとめ

	2.4GHz帯	5GHz帯	6GHz帯
通信速度	遅い	速い	速い
電波到達距離	長い	短い	より短い
電波干渉	とても多い	まれにある	無い
近隣無線LAN干渉	とても多い	やや多い	少ない

無線LANで注目すべき技術

■ チャネル・ボンディング

無線通信を高速化する手段として周波数帯域幅の広帯域化は最も単純で最も効果の高い方法です。

チャネルの周波数帯域幅を2倍にすれば、通信速度も2倍に向上するという単純な図式が成り立つからです。

＊

無線LANの周波数帯域幅は1チャネルあたり「20MHz幅」ですが、「Wi-Fi 4」で2チャネルを合計した「40MHz幅」に対応したことで、飛躍的な通信速度向上を実現しました。

この機能が「チャネル・ボンディング」になります。

最新の「Wi-Fi 6」では、「40/80/80+80/160MHz幅」の「チャネル・ボンディング」を選択できるようになっています。

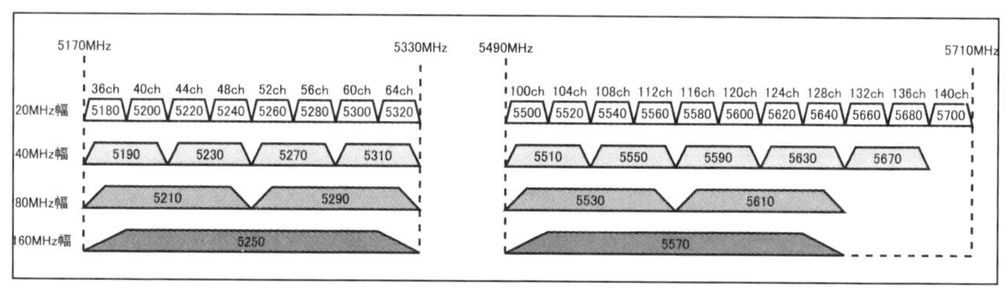

図2-5-6　「5GHz帯」の「チャネル・ボンディング」のチャネル配置
帯域幅を広くとると、当然ながら同時に使えるチャネル数が減っていく。

「通信速度」と「安定性」の天秤

「周波数帯域幅」を広く取りすぎると、近隣無線LANとのチャネル干渉が問題になります。

特に、住宅密集地や集合住宅に居住している場合は、無理に周波数帯域幅を広く取るよりも「40MHz幅」くらいに抑えたほうが通信も安定して結果的に良い場合もあります。

「6GHz帯」が使える「Wi-Fi 6E」は、そもそも全体の周波数帯域幅が広くて「160MHz幅」を干渉せずに3チャネル分も確保できる上に、まだ利用ユーザーが少なく近隣干渉の可能性が限りなく低いことから、安定した高速通信が期待できます。

■ QAMデジタル変調

「デジタル信号」を電波として空中に飛ばすためには、「デジタル信号」を「アナログ信号」に変換する「デジタル変調」をかけたあと、電波として飛ばせる周波数まで引き上げる「搬送波変調」をかけます。

「無線LAN」では、「デジタル変調」に「QAM」(Quadrature Amplitude Modulation)という方式、「搬送波変調」に「OFDM」(Orthogonal Frequency Division Multiplexing)という方式が使われています。

ここで重要なのは「デジタル変調」の部分で、「QAM」は「アナログ信号」の「振幅」(大きさ)や「位相」のズレをパターン化することで、1サイクル分の「アナログ信号」に多ビット情報を載せることができる技術です。

「Wi-Fi 4」は「64QAM」で1信号当たり「6bit」、「Wi-Fi 5」は「256QAM」で1信号当たり「8bit」、「Wi-Fi 6」は「1024QAM」で1信号当たり「10bit」の情報を乗せることができます。

変調の段階で、それだけ通信速度にも差が出ているということです。

■ 空間多重化技術「MIMO」

「MIMO」(Multi Input Multi Output)は、複数のアンテナで通信を行なう無線通信の空間多重化技術です。

たとえば、複数アンテナ(ここでは2つとしましょう)から同時に異なる信号(ストリーム)を同じ周波数帯で送信したとします。通常であれば同じ周波数帯に異なる信号を乗せて送信すると、電波が混信して正しく通信できません。

しかし、その電波を2つのアンテナで受信すると、アンテナの物理的な位置の違いから、それぞれのアンテナで受信した信号の混信具合が微妙に異なるものとなります(マルチパス効果)。

この微妙な混信具合の差を利用して演算を行なうことで、混信した信号を再び元の2つの信号(ストリーム)に分離することが可能です。

これが「MIMO」の原理です。

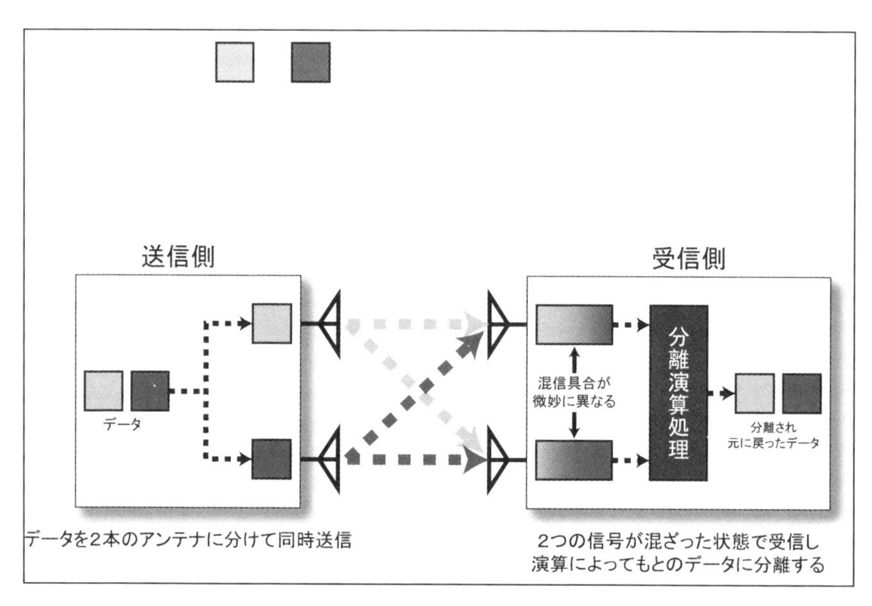

図2-5-7　「MIMO」の原理

結果として、チャネルの周波数帯域幅を増やすことなく、通信速度を倍にアップできるというわけです。

アンテナの本数を3本、4本と増やせば、それに応じて通信速度も3倍、4倍と向上していきます。

最新の「Wi-Fi 6」では「8x8」(8本の送受信アンテナを用いるという意味)の「8ストリーム」に対応することで「最大9.6Gbps」に達する規格になっています。

■ 複数端末の同時通信を可能とする「MU-MIMO」

「MIMO」技術の発展形として、同時に複数端末との通信を可能とするのが「MU-MIMO」(Multi User MIMO)です。

複数アンテナの出力を調整して端末方向へピンポイントに電波を発信する「ビームフォーミング」と合わせて、複数端末で同時に通信しても通信速度を落とさないようにする技術となります。

家族全員がそれぞれスマホやタブレットで動画などを楽しむ時代に、「MU-MIMO」は欠かせない技術と言えるでしょう。

■ 無線LANのセキュリティ技術

無線LANを利用する上で欠かせないのがセキュリティの問題です。

電波は四方八方に広がるため、いかに盗聴を防ぐかが重要です。そのためには、無線LANのセキュリティ技術が欠かせません。

無線LANに用いられている(用いられていた)セキュリティ技術には、次のようなものが挙げられます。

●WEP

「WEP」(Wired Equivalent Privacy)は、特定のキーワードを暗号鍵として「RC4暗号化」を行ないます。

鍵の長さに応じて「64bit-WEP」や「128bit-WEP」とも呼ばれます。

現在は完全に解読可能となっているので、使われていません。

●WPA

「WPA」(Wi-Fi Protected Access)は、「WEP」よりもセキュリティ性の高い方式です。

暗号鍵の強度自体は「WEP」と同じ「RC4」ですが、一定時間ごとに暗号鍵を更新する「TKIP」(Temporal Key Integrity Protocol)を採用することで、盗聴を難しくしています。

個人用途の事前鍵方式「WPA-PSK (TKIP)」と、企業向け認証サーバを用いる「WPA-EAP (TKIP)」があります。

●WPA2

「WPA」の上位方式で、「128～256bit」の可変長鍵を使用する強力な「AES暗号」を採用してセキュリ性を高めています。現在主流となっているセキュリティ方式です。

WPAと同じく、個人向けの「WPA2-PSK (AES/TKIP)」と、企業向けの「WPA2-EAP (AES/TKIP)」が規定されています。

●WPA3

2017年、「WPA2」に「KRACKs」という脆弱性が発見されたことで登場した最新のセキュリティ技術です。

「KRACKs」を回避する「SAEハンドシェイク」や、辞書攻撃によるパスワード漏洩に対する防護が盛り込まれています。

2019年頃からの「Wi-Fi 5/6」の無線アクセスポイントで採用されています。

●MACアドレス・フィルタリング

「MACアドレス・フィルタリング」は無線アクセスポイントへ接続できる端末を「MACアドレス」で制限するセキュリティ技術です。

ただし、「MACアドレス」は通信内容から簡単に傍受可能で、パソコンのMACアドレス偽装も簡単なことから、悪意ある侵入者をはじくのには役立たないとされています。

＊

端末側は、基本的にOSのアップデートなどで新しいセキュリティ技術に対応していくので、無線アクセスポイント側を新しくすることで、新しいセキュリティ技術が使えるようになります。

2-6 Windowsのネットワーク設定

Windowsのネットワーク設定を手動で行なう

■ 現在の「ネットワーク設定」を確認する

ここでは、Windowsパソコンのネットワーク設定について、基礎的な部分を解説します。

＊

最初に、現在のネットワーク設定を確認しておきます。

設定確認には、コマンドプロンプトから実行する「ipconfig」コマンドを使います。

[手順]

[1] [Windowsキー]+[S]を押して検索窓を開き、「cmd」と入力して「エンター」を押します。

[2] コマンドプロンプトが表示されるので、「ipconfig」と入力して「エンター」を押します。

[3]パソコンのネットワーク情報が表示されます。

```
C:¥Users¥　　>ipconfig

Windows IP 構成


イーサネット アダプター イーサネット 2:

   接続固有の DNS サフィックス . . . . .: flets-west.jp
   IPv6 アドレス . . . . . . . . . . . .: 2001:　　　　　　　　　　:5921
   一時 IPv6 アドレス. . . . . . . . . .: 2001:　　　　　　　　　　f:aebd
   リンクローカル IPv6 アドレス. . . . .: fe80::　　　　　　5921%16
   IPv4 アドレス . . . . . . . . . . . .: 192.168.0.17
   サブネット マスク . . . . . . . . . .: 255.255.255.0
   デフォルト ゲートウェイ . . . . . . .: fe80::　　　　　　c0%16
                                          192.168.0.1
```

図2-6-1　現在のネットワーク設定

＊

ここで重要な設定は、「サブネットマスク」「デフォルトゲートウェイ」の2項目です。この2つの数値は、記憶しておきましょう。

■ Windowsの「IPアドレス設定」を表示する

次に、Windowsのネットワーク設定を行なう「TCP/IP」のプロパティを表示するまでの手順を見ていきましょう。

[手順]

[1] [Windowsキー]+[S]を押して検索窓を開き「ネットワーク接続」と入力しエンターを押します。

[2] コントロールのネットワーク接続ウィンドウが表示されます。有線LANと無線LANなど2つ以上のアダプタが表示されることもありますが、設定を行ないたいアダプタのアイコンを右クリックし、コンテキストメニューから「プロパティ」を選択します。

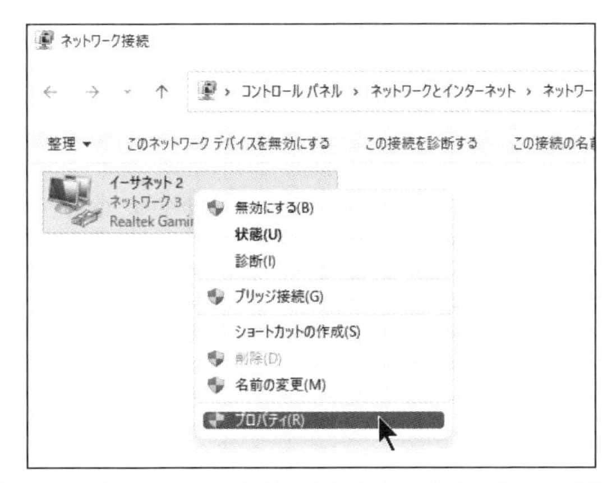

図2-6-2　ネットワークアダプタを右クリックし、「プロパティ」を選択

[3] ネットワークアダプタのプロパティが表示されます。表示されているリストの中から「インターネットプロトコルバージョン4(TCP/IPv4)」を選択し、「プロパティ」ボタンをクリックします。

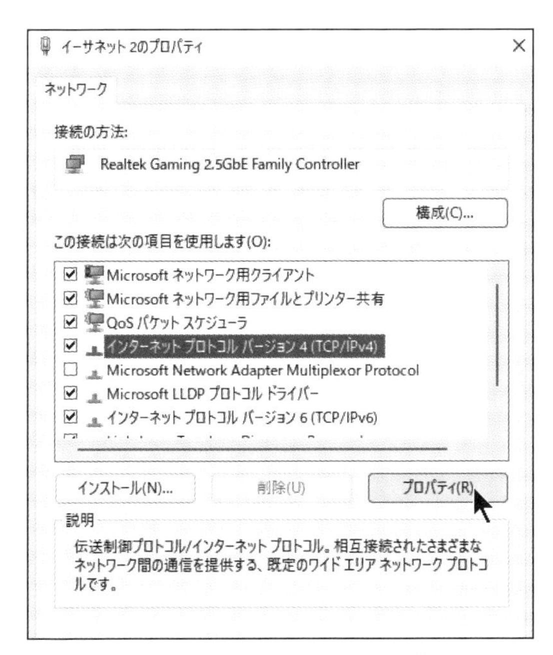

図2-6-3　「インターネットプロトコルバージョン4(TCP/IPv4)」を選択し、「プロパティ」ボタンをクリック

[4]「TCP/IPv4」のプロパティが表示されます。

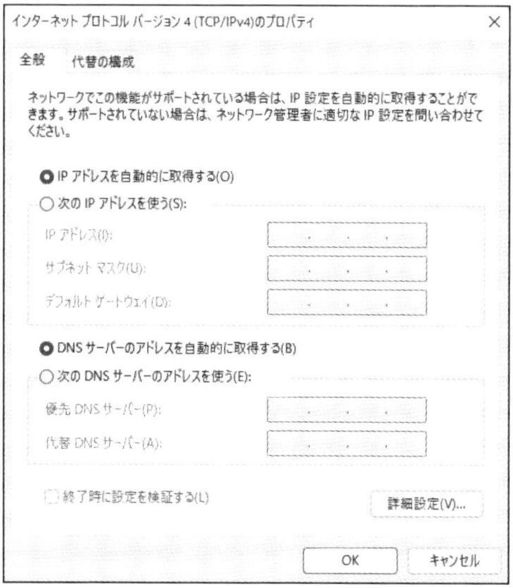

インターネット プロトコル バージョン 4 (TCP/IPv4)のプロパティ
全般　代替の構成
ネットワークでこの機能がサポートされている場合は、IP 設定を自動的に取得することができます。サポートされていない場合は、ネットワーク管理者に適切な IP 設定を問い合わせてください。
IP アドレスを自動的に取得する(O)
次の IP アドレスを使う(S):
IP アドレス(I):
サブネット マスク(U):
デフォルト ゲートウェイ(D):
DNS サーバーのアドレスを自動的に取得する(B)
次の DNS サーバーのアドレスを使う(E):
優先 DNS サーバー(P):
代替 DNS サーバー(A):
終了時に設定を検証する(L)
詳細設定(V)...
OK　キャンセル

図2-6-4　「TCP/IPv4」のプロパティ
デフォルトでは自動取得になっている。

■「プライベートIPアドレス」を設定しよう

「TCP/IPv4」のプロパティで行なう主な設定は、「プライベートIPアドレス」の設定です。

デフォルトの自動取得ではWindowsを起動するたびに割り当てられる「プライベートIPアドレス」が変わる可能性があります。

その運用で困る場合は、ここで直接指定することで、固定化させるわけです。

*

プロパティの中で、「次のIPアドレスを使う」にチェックを入れると、各項目が入力可能状態となります。

ここで、次の項目を入力していきます。

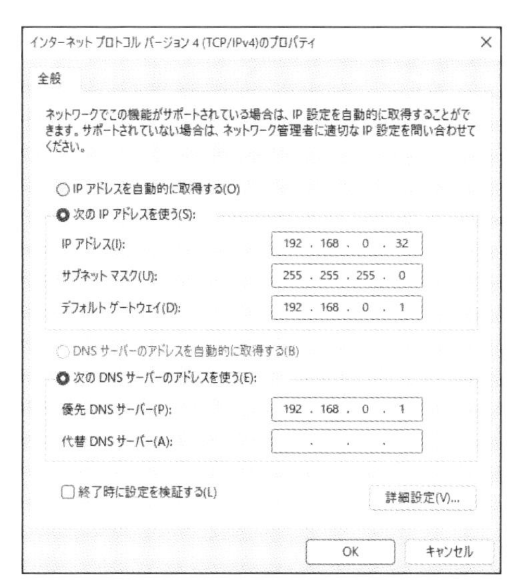

図2-6-5　「次のIPアドレスを使う」にチェックを入れると各項目が入力できるようになる

[手順]

[1]IPアドレス

「ネットワークアダプタ」に固定で設定したい「プライベートIPアドレス」です。

最初に「ipconfig」で調べた「デフォルトゲートウェイ」と「上位3オクテット」まで同一にし、最後の「第4オクテット」にLAN内の他の機器と被らない数値を入力した「IPアドレス」にします。

[2]サブネットマスク

ネットワークのセグメントを指定する数値です。

最初に「ipconfig」で調べた「サブネットマスク」と同じ数値を入力します。

[3]デフォルトゲートウェイ

セグメント外の「IPアドレス」へアクセスする際の窓口を指定します。

最初に「ipconfig」で調べた「デフォルトゲートウェイ」と同じ「IPアド

レス」を入力します。

[4]優先DNSサーバ

「デフォルトゲートウェイ」と同じ「IPアドレス」を入力します。

＊

入力が完了したら「OK」をクリックし、「ネットワークアダプタ」のプロパティも「OK」をクリックして閉じると、設定が有効になります。

「DHCPサーバ」が払い出す「IPアドレス範囲」にも気を付けよう

固定の「プライベートIPアドレス」を決める際、「DHCPサーバ」から払い出される「IPアドレス」の範囲とも被らないように気を付ける必要があります。

「DHCPサーバ」の払い出し「IPアドレス」の範囲は、ルータの設定画面などで確認することができます。

多くの場合、「192.168.0.xxx ～192.168.0.yyy」のように直接範囲が示されていたり「192.168.0.2から64個」といった具合に範囲が示されています。

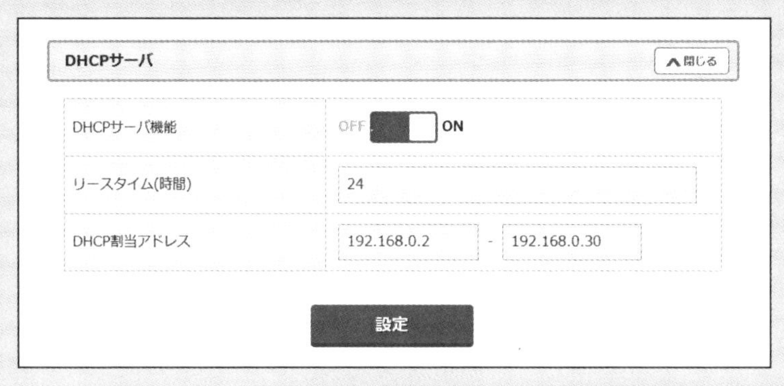

図2-6-6 ルータのDHCPサーバ設定でIPアドレスの範囲を確認

「プライベートIPアドレス」を固定にすると便利なこと

■ サーバを立てたい場合

外部インターネットからのアクセスを受けるサーバを立てたい場合、サーバを立てたコンピュータの「IPアドレス」に対して、ルータで「ポート開放」の設定を行わなければならないため、サーバを立てるコンピュータの「プライベートIPアドレス」は、固定のほうが都合いいのです。

*

また、LAN内で利用するネットワーク系アプリケーションも、「IPアドレス」が固定されていたほうが、都合がいいものが多くあります。

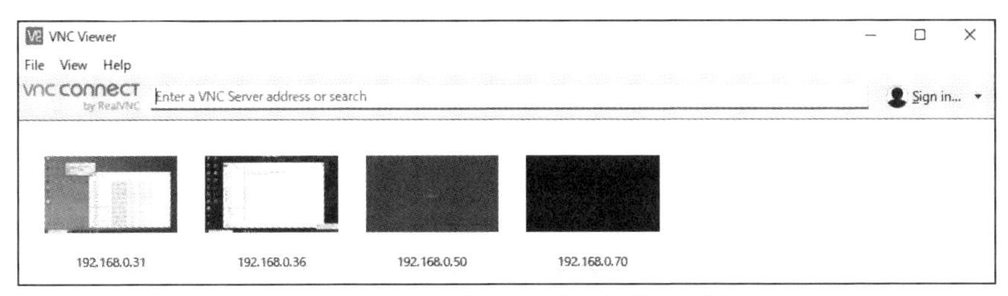

図2-6-7 リモートデスクトップアプリ「VNC」も、
サーバは「固定IPアドレス」のほうが扱いやすい

■ ネットワーク共有時、「IPアドレス」で直接コンピュータを指定できる

Windowsのファイル共有を利用しているとき、エクスプローラの「ネットワーク」を開いても共有されているコンピュータのアイコンがなかなか表示されずイライラしたことはないでしょうか。

そんなときも、ファイル共有しているコンピュータが固定の「IPアドレス」ならば、直接「IPアドレス」で場所を指定し、すぐ共有フォルダにアクセスできます。

*

やり方は簡単。エクスプローラのアドレス入力欄に、「¥¥」に続いてファイル共有しているコンピュータの「IPアドレス」を入力します(例：¥¥192.168.0.31)。

すると、共有フォルダがすぐに表示されます。

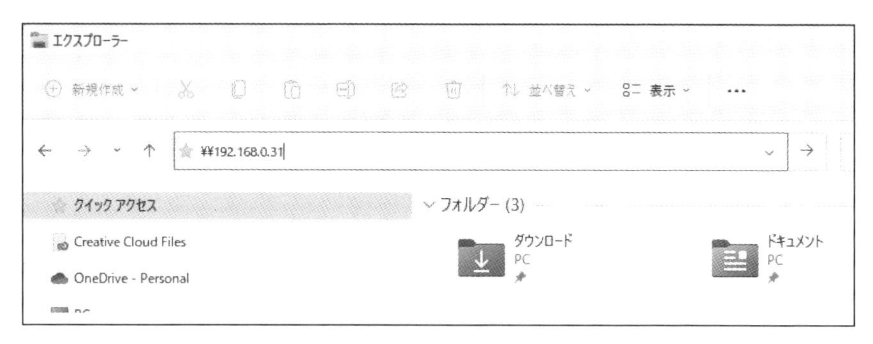

図2-6-8　アドレス入力欄へ直接IPアドレスを入力できる。

またそのとき、エクスプローラのナビゲーションウィンドウに「IPアドレス」の名前でネットワークコンピュータが追加表示されるので、そのアイコンを右クリックし、「スタートメニュー」や「クイックアクセス」にピン止めしておけば、次からはピン止めしたアイコンから「共有フォルダ」を開くことができるようになります。

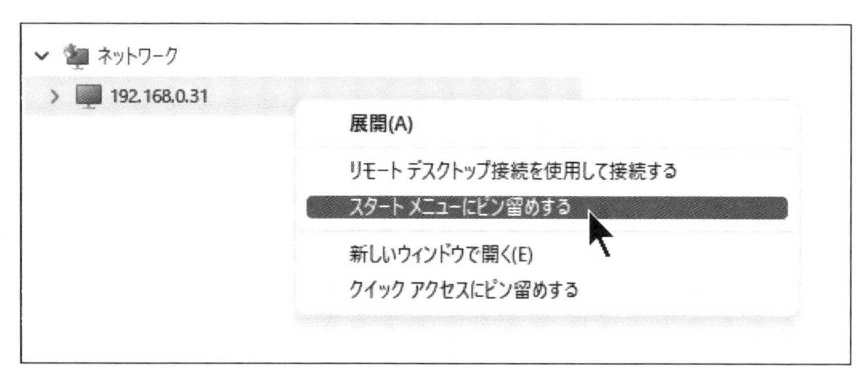

図2-6-9　ナビゲーションウィンドウに追加表示されたアイコンをピン止めしておけば、次からはワンクリックでアクセスできる。

ネットワーク関連のコマンド

■「コマンドプロンプト」から実行するネットワーク関連コマンド

Windowsにはコマンドプロンプトから実行するネットワーク関連のコマンドがいくつか備わっています。これまでに度々登場した「ipconfig」もその1つです。

*

ここでは、代表的なコマンドをいくつか紹介しておきましょう。

●ping

指定した「IPアドレス」や「ドメイン」からの応答を得るコマンド。

ネットワーク越しにネットワーク機器やコンピュータが動作しているのか調べられます。

<入力例>

ping　www.google.com

ping　192.168.0.1

●tracert

指定した「IPアドレス」や「ドメイン」に到達するまでに通過した「ルータ」などを表示してくれるコマンド。

目的の「サーバ」などがネットワーク的にどのくらいの距離にあるのか、確認できます。

<入力例>

Tracert　www.google.com

Tracert　192.168.0.1

●netstat

現在通信中の「TCP/IP」通信の状況を確認できます。

どのWebサイトに何番ポートを使って接続しているか、などの情報が分かります。

<入力例>

```
netstat
```

●ipconfig

ネットワーク情報一般を表示するほか、「DHCP」や「DNS」まわりの制御も行なえるコマンド。

引数を付ければ、より詳細なネットワーク情報を閲覧できます。

<入力例>

```
Ipconfig　/all
```

第3章

ネットワーク構築Tips

本章では、具体的な目線での「無線LANルータの選び方」や、ちょっとシビアな環境構築が求められる「ホビー分野でのネットワーク構築」について、いくつかのTipsを紹介します。

3-1 無線LANルータの選び方

最適な「無線LANルータ」を選ぼう

■ エントリーからハイエンドまで、ギガ越え「無線LANルータ」が揃う

2019年頃から「Wi-Fi 6」対応機器が登場しはじめ、2022年暮れの現在はエントリーからハイエンドまで、充実した製品ラインナップが揃うようになりました。

また、エントリー製品でも無線通信速度はギガ越え、「有線LAN」側にも「1000BASE-T」を採用するものがほとんどとなり、一般用途であればまず不満がない性能をもつようになりました。

最新規格の「Wi-Fi 6E」も登場し、今後は「Wi-Fi 6」製品の全体的な価格ダウンも期待できるかもしれません。

特に、現在「Wi-Fi 4」以前の「無線LANルータ」を使っているのであれば、そろそろ買い替えタイミングとしても、ちょうど良いと言えるでしょう。

*

ここでは、「無線LANルータ」の製品スペックのどういった部分に気を付ければ良いか、製品選択時のポイントなどを紹介していきます。

[ポイント①]　対応する「無線LAN規格」

■「無線LAN規格」は上位互換

「無線LANルータ」の機能の中で、まずに気になるのが対応する「無線LAN規格」です。

現行の「無線LANルータ」は、ほとんどが「Wi-Fi 6」か「Wi-Fi 5」のどちらかで、一部ハイエンド製品として「Wi-Fi 6E」が登場しています。

＊

基本的に、新しい「Wi-Fi 6」が優れており、あらゆる面で「Wi-Fi 5」の上位互換と言えます。

とは言え、「Wi-Fi 5」もそれほど大きく性能が劣るわけではなく、エントリー向けとして安価な製品も多いのがメリットです。

また、「Wi-Fi 6」のメリットを活かすには、対となる端末（スマホ等）も「Wi-Fi 6」対応の必要があるため、現在「Wi-Fi 6」対応機器を持っていないのであれば、メリットは薄いかもしれません。

最新スマホを使っていたり、将来性を鑑みるなら、「Wi-Fi 6」対応「無線LANルータ」一択となりますが、そうではなく、現状のコスパなどを重視するのであれば、「Wi-Fi 5」対応製品でも悪くありません。

［ポイント②］ 最大通信速度

■ 最大通信速度は、規格や製品スペックによって決まる

最大通信速度の上限は、規格ごとに決まっており、新しい規格のほうが最大通信速度は速くなります。

そこから製品ごとのスペック（ストリーム数、周波数帯幅など）に応じて、規格フルスペックか、それとも半分になるのか、などが決まります。

同じ「Wi-Fi 6」対応の「無線LANルータ」であっても、「最大4.8Gbps」だったり「最大2.4Gbps」だったりと、製品によってスペックが異なるのは、そういう理由からです。

図3-1-1　「Aterm WX5400HP」(NEC)
「Wi-Fi 6」対応で「最大約4.8Gbps」。市場価格約1.5万円

図3-1-2　「Aterm WX3000HP2」(NEC)
同じく「Wi-Fi 6」でも下位モデルは「最大約2.4Gbps」。市場価格約1.1万円

最大通信速度「9.6Gbps」の製品は存在しない？

「Wi-Fi 6」の規格上の最大通信速度は「約9.6Gbps」ですが、2022年現在その性能をもつ「無線LANルータ」は登場していません。

「8ストリーム」&「160MHz幅」で「9.6Gbps」の通信速度を達成するのですが、多くの製品が「8ストリーム」&「80MHz幅」もしくは「4ストリーム」&「160MHz幅」に留まっています。

■ 最大通信速度の謳い文句

また、製品の謳い文句として最大通信速度を「○○○○Mbps＋○○○Mbps」とプラス計算で記している場合が多いです。これは、「5GHz帯の最大＋2.4GHz帯の最大」を表わしています。

両者は併用可能なので、その合算が最大通信速度というわけです。

＊

なお、ここで記される最大通信速度は「理論値」です。実際の使用時には、好条件下でも「約7～8割程度」の速度が出れば御の字でしょう。

【ポイント③】　対応周波数帯

■ 全製品で共通の対応周波数帯

「無線LANルータ」のスペックには、無線通信に使用する周波数帯が記載されています。

- 6GHz帯
- 5GHz帯（W52/W53/W56）
- 2.4GHz帯

といった内容が記載されていますが、これは規格で定められていてどの製品もほぼ同じ内容です。

■ バンド

「5GHz帯」と「2.4GHz帯」の両方に対応するものを、一般に「デュアルバンド」と呼びますが、付随して注目したいキーワードに、「トライバンド」があります。

字のごとく3つの周波数帯を同時に扱える機能で、一般的に「5GHz帯＋5GHz帯＋2.4GHz帯」と、「5GHz帯」を1つ多く使えます。

2つの「5GHz帯」にそれぞれ異なるチャンネルを割り当て、それぞれが干渉することなく、フルスピード通信できる点がメリットです

図3-1-3　「ROG Rapture GT-AX11000」（ASUS）
トライバンドに対応するゲーミング無線LANルータ。

また、トライバンド対応製品では、最大通信速度の謳い文句も「4,804Mbps＋4,804Mbps＋1,148Mbps」といった具合に、3つに増えています。この記述から、トライバンド対応であると確認することもできます。

＊

つながる無線LAN機器の数が多く、それぞれの通信速度も重視するならばトライバンドを検討してみてください。

「W52」専用端末への対応にも「トライバンド」が最適解

無線LAN端末の中には、Amazonの「Fire TV Stick」のように「5GHz帯」は「W52」のみに対応という製品が少なくありません。

そのため無線LANルータ側も「W52」で無線アクセスポイントを開く必要があるのですが、「W52」は「5GHz帯」の中でも特に近隣無線LANとの干渉が起きる可能性の高い周波数帯なので、できれば使いたくないというのが本音です。

そんなときの解決策になるのが、「トライバンド」対応の無線LANルータです。

5GHz帯に2つの無線アクセスポイントを設置できるので、「W52」専用端末のための「W52」と、他端末向けの「W53/W56」を同時に利用できます。

こうすることで、他の無線LAN端末は干渉の少ない周波数帯で運用できるというわけです。

「トライバンド」の定義が変わる？

「Wi-Fi 6E」の登場で、「トライバンド」は「6GHz帯」「5GHz帯」「2.4GHz帯」という意味がメインとなっていきそうです。

これでは「5GHz帯」に2つの無線LANアクセスポイントを立てられないので、「W52」と「W53/W56」で使い分ける運用はできなくなります。

ただ、「Wi-Fi 6E」で先行している海外では、すでに「クアッドバンド」の無線LANルータが販売されているので、今後は「クアッドバンド」に注目です。

[ポイント④]　アンテナ構成

■ アンテナの本数

無線LANのアンテナ構成は「2x2」や「4x4」といった形で表わされ、これは「受信アンテナ本数x送信アンテナ本数」という意味になります。

昨今の無線LANは複数アンテナで異なるデータ(ストリーム)を同時に送信して転送速度を上げる「MIMO」という技術で高速化してきました。

すなわち、アンテナ本数の多いほうが最大転送速度も上、という認識でいいでしょう。

★「2x2」……エントリー向けのアンテナ構成
★「4x4」……メインストリーム向けのアンテナ構成
★「8x8」……ゲーミングルータなどハイエンド向けのアンテナ構成

このように、アンテナ本数から「無線LANルータ」のグレードを分けることもできます。

ただ、アンテナ本数が増えると、当然、筐体サイズも大きくなるので、設置場所についてはよく確認する必要があります。

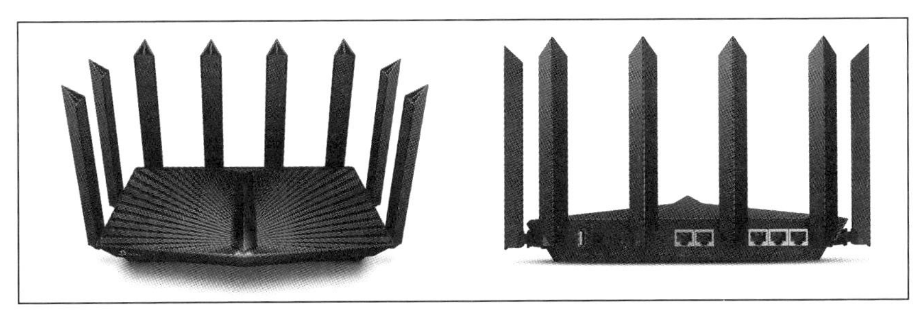

図3-1-4 「Archer AX90」(TP-Link)
「8x8」で「トライバンド」対応の高性能無線LANルータ。

■ 端末側のアンテナ本数も重要

「無線LANルータ」の最大スペックを発揮するには、端末側(スマホ等)のアンテナ本数も伴わなければなりません。

ところが、「Wi-Fi 6」に対応する最新のアップル「iPhone 14」でさえ、アンテナ構成は「2x2」、通信速度は「最大1.2Gbps」止まりです。このように無線端末のほとんどはアンテナが「2x2」仕様で、通信速度も「2x2」&「160MHz幅」の「2.4Gbps」が最大です。

■ 余剰アンテナの有効活用

では、「8x8」、最大通信転送速度「最大4.8Gbpsといったハイエンド無線LANルータは、無駄な過剰スペックなのかというと、必ずしもそうではありません。

＊

「無線LANルータ」の機能の1つに、「MU-MIMO」(Multi User-MIMO)というものがあり、これに対応する端末（スマホ）であれば、複数台同時通信が可能となります。

複数のスマホを同時使用するのであれば「8x8」や「4x4」の複数アンテナが役立ちます。

「iPhone」の場合、「iPhone 11」以降の機種が「MU-MIMO」対応で、この恩恵に授かることができます。

＊

では、「iPhone X」以前のユーザーに、たくさんアンテナが付いた「無線LANルータ」の恩恵はないのかというと、まだまだ有利な機能はあります。

それが「ビームフォーミング」という機能で、「iPhone 6」以降で対応しています。

「ビームフォーミング」は複数アンテナ間で信号出力を調整し、より端末へ届きやすい電波を作り出すものです。

「ビームフォーミング」は無線LANルータのアンテナ本数が多いほど精度が増し、安定した通信を提供します（「4x4」以上を推奨）。

[ポイント⑤]　有線LAN側／WAN側のスペック

「2.5/5/10Gbps」のインターネットサービスも増えてきたことから、「無線LANルータ」にもハイエンド機種を中心に、「1Gbps」を超えるLANポート（「10GBASE-T」など）をもつ製品に注目が集まっています。

超高速インターネットを利用するのであれば、これら「有線LANポート」の確認も重要です。

図3-1-5　「AirStation WXR-6000AX12S/D」（バッファロー）
WAN側とLAN側1ポートが「10GBASE-T」に対応。

■「IPv4 over IPv6」への対応度

NTT東西のフレッツ光/光コラボで「IPoE」方式を利用する際に、「IPv6」に「IPv4」を乗せるため「DS-Lite」や「MAP-E」という「IPv4 over IPv6」技術を使っています。

これらの技術を利用するには、ルータ側にも対応機能が必須となっています。

このような方式を積極的に用いて「IPv6」と「IPv4」の共存を図っているのは日本独自（というかフレッツ独自）であるため、海外メーカー製の無線LANルータの対応がなかなか進みませんでした。

2022年頃からは、日本市場に力を入れているメーカーが新製品やファームウェアアップデートで対応するようになってきましたが、ちょっと古い機種は対応が厳しいかもしれません。

また、「DS-Lite」と「MAP-E」の片方しか対応していない製品などもあります。

＊

「ルータ」はプロバイダ提供のレンタルルータを使用し、「無線LANルータ」は「APモード」（アクセスポイント）で運用するのであれば問題ありませんが、「無線LANルータ」としてルータ機能も使いたい場合は、「DS-Lite」や「MAP-E」対応をしっかりと謳っている製品を選択しましょう。

[ポイント⑥]　推奨環境、通信範囲

■ 推奨環境はあくまで目安

「無線LANルータ」のメーカーサイトなどには、その「無線LANルータ」の仕様に適した推奨環境が記載されていることが多いです（家の間取りなど）。

ただし、これはあくまでも大まかな（好条件下での）目安であって、実際の無線通信は個々の環境に大きく左右されます。

推奨環境よりも狭い範囲で使っているのに、通信が不安定になる、ということも普通に起こり得るものと考えましょう。

■ 通信範囲拡大に「メッシュ Wi-Fi」

そこで昨今、「無線LANルータ」の通信範囲拡大の手段として注目を集めるのが、「メッシュ Wi-Fi」です。

これは、「無線LANルータ」に専用の中継器を加えることで、より広範囲に安定した無線通信を提供するものです。

従来からある無線LANの中継機能とは異なり、あたかも親元の「無線LANルータ」がそのまま複数に分散したようなイメージで利用できるのがポイントです。

＊

利用中にスマホを持ったまま中継器をまたぐように移動しても、自動的にローミングされるので一切気にかける必要はありません。

もし、家の中に無線通信の不安定な場所があって困っている場合は、「メッシュ Wi-Fi」対応の「無線LANルータ」導入も検討してみてください。

図3-1-6　「TUF-AX5400」（ASUS）
ASUS独自の「AiMesh」対応無線LANルータ。「AiMesh」対応製品を組み合わせて「メッシュ Wi-Fi」を構築する。

無線LANルータのまとめ

「無線LANルータ」に関するこれまでの話を総括しましょう。

- 「Wi-Fi 6」対応が望ましいが、使用端末によっては「Wi-Fi 5」でも充分高速。
- 最大通信速度「約4.8Gbps」をそのまま利用することは難しいが、「MU-MIMO」で複数端末を同時使用するときは、もともとの通信速度の高さが重要。
  複数端末でもっと安定した高速通信を求めるならトライバンドを検討。
- アンテナ構成は「4x4」を基本に。「2x2」はワンルームなど見通せる範囲内での利用推奨。
  「8x8」は一般用途では少々過剰？広範囲向けには「メッシュ Wi-Fi」の検討も。
- 「NURO光」や「フレッツ光クロス」など「1Gbps超」のインターネットを利用するなら有線LANポートの仕様も要確認。

＊

特に「Wi-Fi 6」対応スマホに乗り換えた場合などは、「無線LANルータ」も新調すると、驚くほどスピードアップする可能性が高いです。ぜひ検討してみてください。

3-2　ホビー用途の快適ネットワーク構築

「ネット対戦ゲーム」の「ラグ」（遅延）を減らしたい

■ ホビー用途はさらにシビアなネット環境が求められる

第1章では、一般用途における通信速度の改善を目指した話が中心でしたが、「ホビー用途」では、さらにシビアなネットワーク環境が求められることが少なくありません。

＊

ここでは、そんな「ホビー用途」にまつわる「ネットワーク構築」について解説します。

■ 反応速度が命の「ネット対戦ゲーム」

「ネット対戦ゲーム」、特に銃の撃ち合いとなる「シューター系ゲーム」は、一瞬の反応速度がとても大切で、ネット環境が勝敗を大きく左右すると言われます。

特に「ラグ」(遅延)の小ささは重要で、「ラグ」の大きい環境では“勝ったと思ったら負けていた”ということが日常茶飯事となります。

「ラグ」を小さくするのは決して簡単なことではないので、取れる対応策をいくつか紹介していきます。

■ 現状のラグを数値で把握しよう

まず初めに、現状の「ラグ」を数値で確認する必要があります。

＊

「ネット対戦ゲーム」の多くは、プレイ中の「マシン・パフォーマンス」を表示するオプションがあり、ゲームプレイ中の「Ping値」などをチェックすることができます。

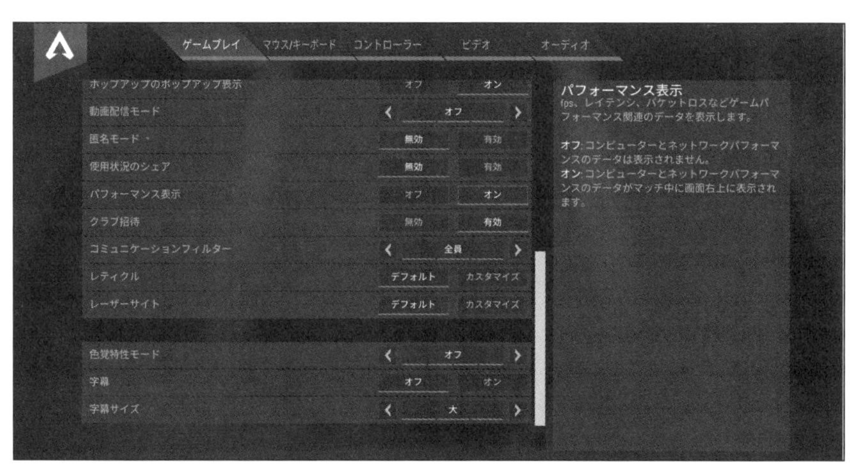

図3-2-1　「Apex Legends」のオプション例
「パフォーマンス表示」をオンにする。

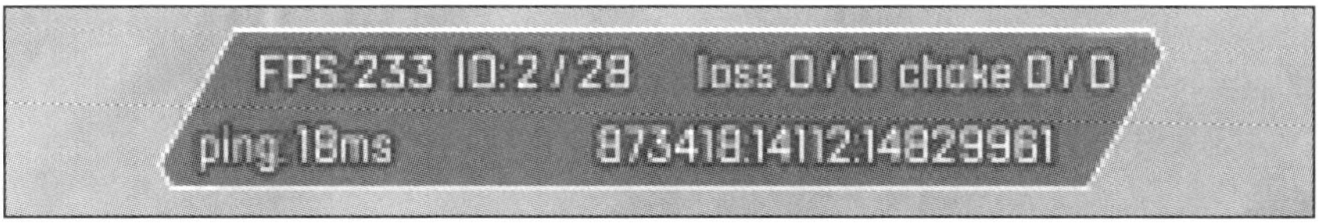

FPS 233 IO:2 / 28　loss 0 / 0 choke 0 / 0
ping 18ms　873418.14112.14829961

図3-2-2　ゲームプレイ中、画面の端にパフォーマンスを表示
Ping値をチェック。こちらは有線LAN接続のデスクトップPCでの例。Ping値「18ms」

Ping値の目安は、次を参考にしてください。

- ●15ms以下……理想的なPing値。「シューター系」や「対戦格闘系」を極めたいなら、目指したい値です。
- ●15～30ms……特に問題のないPing値。よっぽど勝敗に拘らない限り、これくらいであれば改善する必要も特にありません。
- ●30～50ms……プレイに支障はありませんが、一瞬の撃ち合いで不利になることも。「MMO RPG」などであれば、このくらいで充分です。
- ●50～100ms……ターン制の対戦ゲームなどは大丈夫ですが、アクション系のネット対戦では少々きびしいかもしれません。

■ 無線LANはダメ？

ネット対戦のラグ改善に関して、まずいちばんの槍玉に挙げられるのが「無線LAN」です。「無線LAN」には、外的要因（ノイズや他機器の通信）に強く影響を受けて、通信が安定しないという弱点があるからです。

＊

実は、比較的新しい「Wi-Fi 5」や「Wi-Fi 6」を使えば、平常時のラグは有線LANとあまり変わらなくなってきています。

しかし、同じ無線アクセスポイントに接続している他機器や、同じチャネルで被っている近隣無線LANで通信が始まると、すぐに通信が不安定になり、「Ping値」も3桁以上に跳ね上がります。

図3-2-3　「Wi-Fi 5」で接続しているノートPCの平常時パフォーマンス
「有線LAN接続」のデスクトップPCよりも良い値が出ている気も。Ping値「14ms」

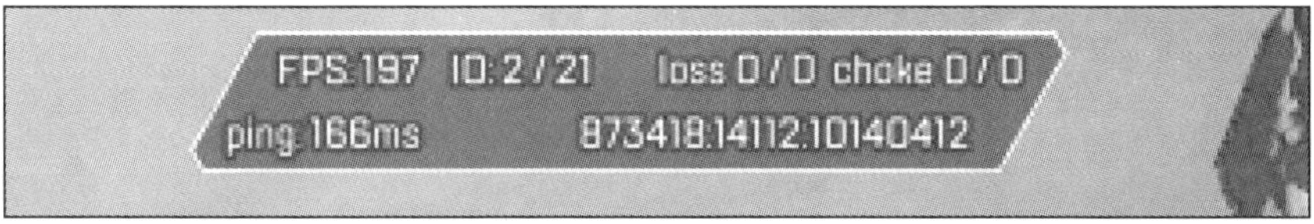

図3-2-4　同じ無線アクセスポイントに接続しているスマホで通信を始めたら、すぐにこの惨状に。Ping値「166ms」

図3-2-5　なお、2.4GHz帯に接続して同様のテストを行なうと、さらにひどい結果となった。Ping値「386ms」

この不安定さが「無線LAN」のネックなので、ネット対戦を楽しみたい場合は、できるだけ「有線LAN」接続をこころがけましょう。

どうしても「無線LAN」でなければならない場合は、複数端末の同時通信に強い「Wi-Fi 6無線LANルータ」の利用を推奨します。

■ ネット対戦中はファイルダウンロードを避ける

ネット対戦中はインターネット回線をほぼ占有してしまうような大容量ファイルのダウンロードは避けるようにしたほうがいいでしょう。

もしダウンロードを行なう場合は、「帯域制限」をかけて、インターネット回線に余裕を残しておくようにします。

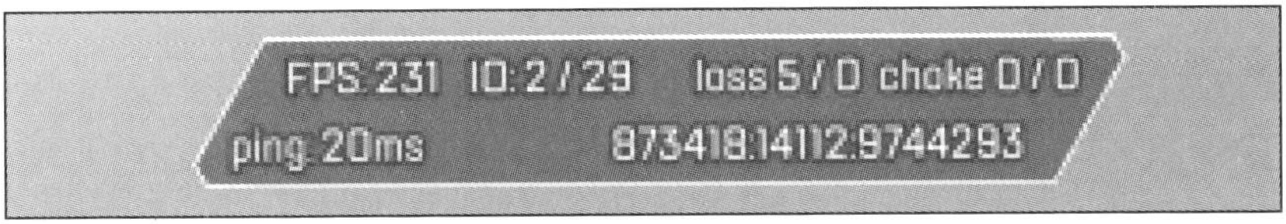

FPS 231　IO: 2 / 29　loss 5 / 0 choke 0 / 0
ping 20ms　873418:14112:9744293

図3-2-6　「有線LAN環境」において、ゲームの裏でフルスピードの「ファイル・ダウンロード」を行なった場合。「Ping値」に影響は出なかったが、時折「パケットロス」が発生していた。Ping値「20ms」、パケロス「5」

■ 古いルータを交換する

もし、現在使用中の「ルータ」が5〜10年以上使っているものの場合、ルータの交換で「Ping値」が改善する可能性もあります。

「ルータ」もコンピュータの一種なので、新しい機種ほど処理速度も高速化されているからです。

図3-2-7　「WN-DAX3000QR」(I-O DATA)
「クアッドコアCPU」搭載で処理能力に余裕のある「ゲーミング・ルータ」。

■ 海外のサーバにつないでいませんか？

自動接続なら問題ないはずですが、海外の「マッチング・サーバー」に繋いでしまうと「Ping値」は「100ms」くらいすぐに上昇してしまいます。

接続先を間違えないように注意しましょう。

■ 最後の手段は「インターネット回線」の変更

「有線LAN」で接続しルータも古くは無く、国内のマッチングサーバーに接続しているのに、「Ping値」を「50ms以下」にできない場合は、インターネット回線のほうに問題があると考えていいでしょう。

＊

まず、「携帯キャリア系」や「ポケットWi-Fi系」のインターネット回線を利用している場合は、最低、「限固定回線のインターネット回線」は引きたいところです。

また、NTT東西の「フレッツ光」や光コラボ系の「インターネット回線」を利用していて、接続方式を「PPPoE」から「IPoE」に変更していないのであれば、大きな出費や工事の必要なく変更できるので、オススメです。

「開通工事」の伴う「インターネット回線」の変更は、博打要素も十二分にあるので、最後の手段になります。

現在契約中のインターネット回線の契約更新タイミングや工事費用の残債など、金銭面も含めて冷静に考えてから行動に移るように心掛けたいです。

「クラウド・ゲーミング」を安定させたい

■ インターネット経由でゲームをプレイする

「クラウド・ゲーミング」とは、「インターネットのクラウドサーバ上」で「ゲームの処理を実行」し、「」ゲーム画面を端末にストリーミングしてプレイするサービスです。

＊

「端末側」は「ストリーミング映像」の表示とボタン入力をサーバ側に送信する役目さえできればいいので、「性能の低いPC」や「スマホ」でも本格的なゲームを楽しめるとして昨今注目を集めています。

図3-2-8　100本以上のゲームをストリーミングで楽しめる「Xbox Cloud Gaming」

■ 常に一定以上の通信速度が必要

「クラウド・ゲーミング」は常にゲーム画面をストリーミングしているので、常に一定以上の通信速度が必要となります。

一般的に「約20Mbps」ほど確保できていれば大丈夫ですが、帯域が足りなくなると画面が乱れたり、コマ送りのような状態になってしまいます。

■ 他でのインターネット利用が邪魔をしている場合も

「クラウド・ゲーミング」が安定しない原因の1つとして、他の通信にインターネット回線の帯域が使われていることが考えられます。

特に家族が「動画配信サービス」を楽しんでいたりすると、それが安定しない原因かもしれません。

＊

「」動画配信サービスの「ビットレート」は、高くても「10Mbps」程度なのですが、実際の通信は間欠的な高ビットレートで行なわれます。

たとえば、動画の「ビットレート」が「平均10Mbps」だとすると、5秒間に1回「50Mbps」で通信を行なって、データをバッファに溜める、といった挙動になります。

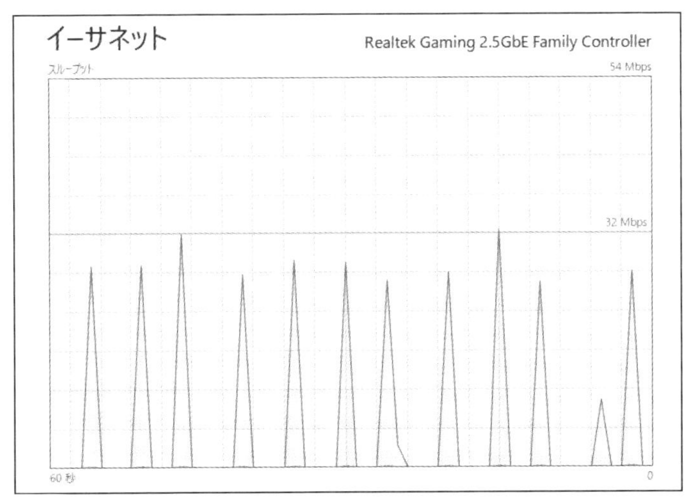

図3-2-9　Youtubeで動画を再生中のアクセス状態。4秒間に1回の頻度で通信が行なわれている。

この間欠的なスパイク状の通信によって、一瞬でもインターネット回線の帯域をオーバーしてしまうと、「クラウド・ゲーミング」のゲーム画面が乱れるのです。

インターネット回線がマンションタイプのVDSL回線で速度計測結果が「50Mbps」くらいの場合、ちょうど影響が出てしまう範囲と言えるかもしれません。

■「帯域制限できるルータ」で対処

このような現象への対応としては、ルータ側の「QoS機能」(Quality of Service)で、動画配信を再生する端末の帯域を制限してしまうというテがあります。

＊

「インターネット回線」全体で「50Mbps」の帯域がある場合、「」画配信再生端末動の帯域を「20Mbps」に制限すれば、「クラウド・ゲーミング側」も安定する可能性が高いです。

ただ、「QoS機能」で「帯域制限」のできるルータは限られているので、仕様をよく確認してルータを買い替える必要があるかもしれません。

図3-2-10　「RT-AX3000」(ASUS)
ASUSの無線LANルータはミドルクラス以上にQoS機能を搭載していてオススメ。

無線VR用の「独立無線LAN」の構築

■「無線LAN」で「ゲーミングPC」と接続する「VRヘッドセット」

「Meta Quest 2」や「PICO 4」をはじめ、最新の「VRヘッドセット」デバイスは、「ゲーミングPC」との接続に「無線LAN」を利用するものが増えてきました。

＊

“無線LANで接続できればお手軽だ！”……となればいいのですが、実際はかなりシビアな環境が求められます。

図3-2-11　無線LAN接続でお手軽になるために、しっかりとした環境構築が必要。

既存の家庭内LAN環境に「無線LAN接続」の「VRヘッドセット」を追加する場合、どのような構成がダメで、どのような構成が理想的なのか、いくつか例を見ていきましょう。

■ ダメな無線LAN構成例①　既存の無線LANにそのまま追加

最もオーソドックスな接続方法で、まったくダメというわけではありませんが、同じ無線LAN中の他機器が通信を行なうと、途端に不安定になる可能性があるので、オススメできません。

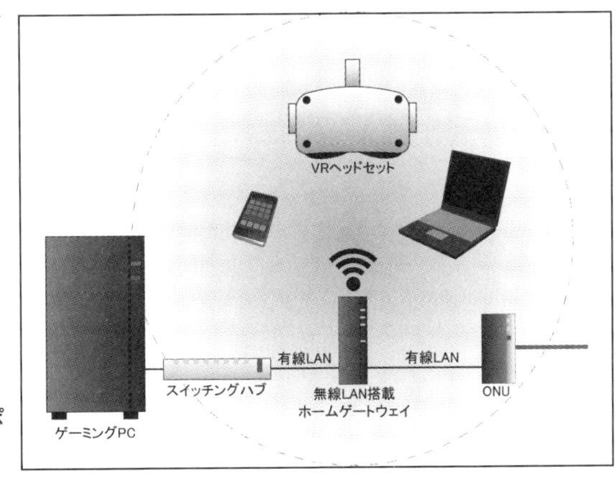

図3-2-12　既存の無線LANにポンと「VRヘッドセット」を追加

■ ダメな無線LAN構成例②　「ゲーミングPC」も「無線LAN接続」している

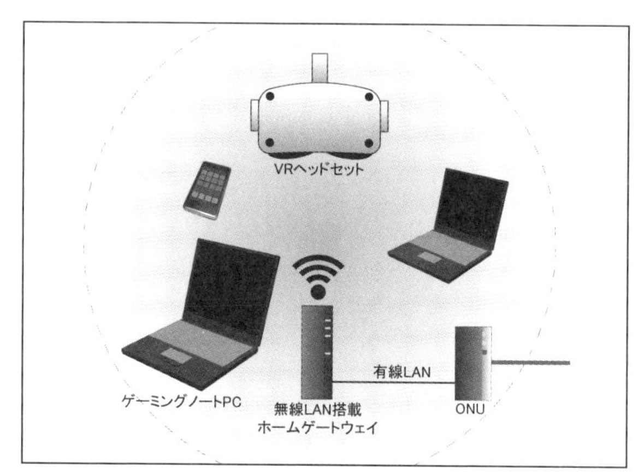

図3-2-13　ゲーミングノートPCが無線LAN運用だった場合

これが最もダメな例で、「VRヘッドセット」と「ゲーミングPC」の通信自体がそれぞれに干渉してしまい、パフォーマンスが大きく削がれます。

■ 理想的な無線LAN構成例①　「VRヘッドセット専用の無線アクセスポイント」を追加

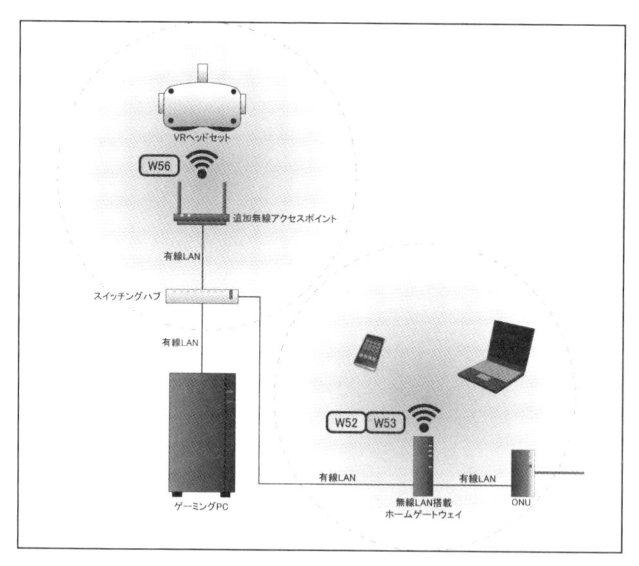

図3-2-14　「無線アクセスポイント」を追加し「ゲーミングPC」と有線経由で接続

「VRヘッドセット」を接続するためだけの「無線アクセスポイント」を追加します。「VRヘッドセット」と「無線アクセスポイント」の通信を邪魔するものは何もなく、最小限の「ラグ」で、安定した運用が可能です。

使用チャネルに注意

新しい「無線アクセスポイント」は、既存の「無線LAN」とチャネルが被らないように注意する必要があります。

「5GHz帯」を使用するのは必須として、たとえば、既存の「無線LAN」で「W52/W53」のチャネルを使っているのなら、VRヘッドセット用は「W56」を用いて、「無線アクセスポイント」を立てるといった具合です。

「無線アクセスポイント」の自動設定で、ある程度上手く棲み分けられるはずですが、「W56」は近隣無線LANとの干渉の可能性が低いチャネルなので、できるだけVRヘッドセットとの通信に割り当てたいところです。

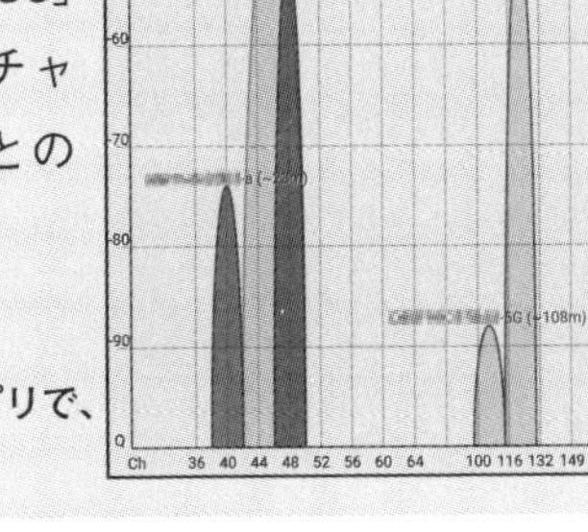

図3-2-15 スマホのWi-Fiアナライザ系のアプリで、チャネルが干渉してないか、確認すると、なお良し

■ 理想的な無線LAN構成例②

「ルータ」から「ゲーミングPC」まで有線LANを引けない場合は、イーサネット・コンバータを使用

もし家の間取りの都合上、「ゲーミングPC」まで「有線LAN」を引けない場合は、「イーサネット・コンバータ」を用いれば、OKです。

「ゲーミングPC」と「VRヘッドセット」用無線アクセスポイントの間以外にはシビアさを求めないので、一部区間を「無線化」しても問題はありません。

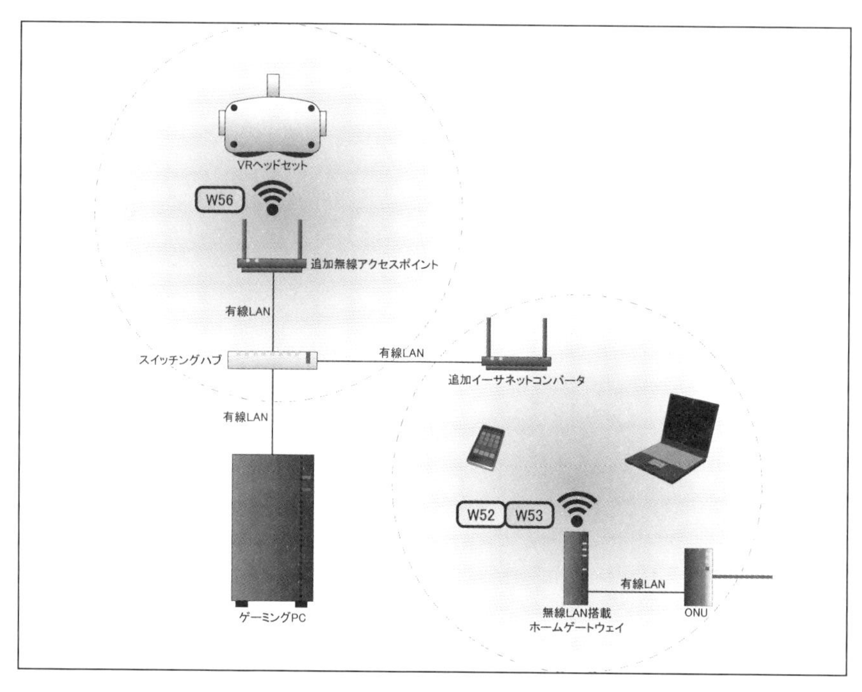

図3-2-16　イーサネット・コンバータは有線LANケーブルを無線化する役割

最終的に気を付けるポイントは次の2つになります。

①「ゲーミングPC」と「VRヘッドセット用無線アクセスポイント」は、有線LANで接続するようにします。
②そのうえで、「ゲーミングPC」と「VRヘッドセット」が両方ともインターネットに接続できるように「ネットワーク環」境を構築します。

■ 追加する無線アクセスポイントの要件

「VRヘッドセット」のために追加する「無線アクセスポイント」(無線LANルーター)は、次のポイントに気を付けましょう。

①無線LAN規格は「Wi-Fi 5」か「Wi-Fi 6」

「Wi-Fi 6」が理想ですが、「VRヘッドセット」とは1対1の通信が基本となるので「Wi-Fi 5」でもあまり差はありません。「Wi-Fi 5」無線

LANルータで予算を抑えるという選択肢もアリです。

②有線LAN側は「1000BASE-T」以上

無線LANルータの「有線LAN側」は「1000BASE-T」以上のLANポートが必須となります。「Wi-Fi 5」で予算を抑える場合でも、ここだけは気を付けましょう。

③アンテナ構成は「2x2」以上

無線LANルータのアンテナ構成は「2x2」(2ストリーム)以上、「Wi-Fi 5」でリンク速度「866Mbps以上」、「Wi-Fi 6」でリンク速度「1.2Gbps」以上の無線LANルータを選択します。周波数幅「160MHz」は干渉が気がかりになるので、周波数幅は「80MHz」がベストです。

図3-2-17　「Aterm WG1200HS4」(NEC)
市場価格約4,000円。要件を満たす最も安価な無線LANルータだろう

■ 快適なVRライフを！

以上の点を守っていけば、快適なVR環境を構築できるでしょう。

また、端末専用の「無線アクセスポイント」を設置するという手段は、スマホやタブレットなどの「無線LAN」しか無い端末で、「ネット対戦」や「クラウドゲーミング」を楽しむ際の「ラグ対策」にも有効です。

索　引

アルファベット順

50音順

■著者略歴

勝田有一朗（かつだ・ゆういちろう）

1977年大阪府生まれ。「月刊I/O」や「Computer Fan」の投稿からライター活動を始め、現在も大阪で活動中。

[主な著書]

・コンピュータの新技術，工学社
・理工系のための未来技術，工学社
・コンピュータの未来技術，工学社
・PC［拡張］＆［メンテナンス］ガイドブック，工学社
・逆引きAviUtl動画編集，工学社
・はじめてのPremiere Elements12，工学社
…その他、雑誌・書籍に多数執筆

質問に関して

本書の内容に関するご質問は、

①返信用の切手を同封した手紙
②往復はがき
③FAX(03)5269-6031
（ご自宅のFAX番号を明記してください）
④E-mail　editors@kohgakusha.co.jp

のいずれかで、工学社編集部宛にお願いします。電話によるお問い合わせはご遠慮ください。

●サポートページは下記にあります。

【工学社サイト】http://www.kohgakusha.co.jp/

I/O BOOKS

自宅ネット回線の掟

2022年11月25日　初版発行　ⓒ2022

著　者　勝田有一朗
発行人　星　正明
発行所　株式会社工学社
〒160-0004
東京都新宿区四谷4-28-20 2F
電話　(03)5269-2041(代)［営業］
(03)5269-6041(代)［編集］
振替口座　00150-6-22510

※定価はカバーに表示してあります。

[印刷]（株）エーヴィスシステムズ　ISBN978-4-7775-2225-5